日本分子生物学会 編

分子生物学に魅せられた人々

東京化学同人

まえがき

「分子生物学とは？」とは昔から頻繁になされる問いです。「生命現象を分子レベルで理解する学問です」と答えて、さて「分子とは？」ということになります。セントラルドグマ（遺伝子DNA→RNA→タンパク質）が確立し、遺伝の基本的な仕組みが解明され、生命現象の現場で働くさまざまな生体分子の機能と構造が明らかになってきました。その結果、生命現象を支える「分子」とは、遺伝子（情報）であり、そこにコードされる機能分子をさしているということが理解されるようになってきて、ようやく最初の問いの答えもわかるということになります。

一九七八年に産声をあげた日本分子生物学会は、三十三年の歴史を刻んでいます。学会が三十周年を迎えたときの第十五期理事会（理事長は長田重一）で、記念事業として学会編集の本の出版が発案され、その後、第十六期理事会（理事長は岡田清孝）での議論を経て、ようやく刊行にたどり着きました。刊行までに時間がかかったのは、出版の是非についての議論が百出したことによるものではなく、ひとえに「どのような本」を編集するかを考えるためでした。

創立十周年のときには、「シリーズ分子生物学の進歩（全十四巻、丸善）」が刊行されています。そのまえがきでは、「実験技術としてではなく、生物学としての分子生物学に力点を置く」本であることが強調されています。このまえがきの最初に述べた「分子生物学とは？」に関連した記述であり、当時の分子生物学に対する一つの見方に対する日本分子生物学会の考え方を示したものだと思われます。時代は進み、わざわざそのような注釈を載せる必要はなくなりましたが、そうすると今回の記念出版がどのような意味をもつべきかを考えることが重要になったわけです。

今回の記念事業では、三〜四点のシリーズ出版物として刊行することといたしました。遺伝子操作技術や各種の生体分子解析技術の長足の進歩を背景に、生命の理解が大きく進み、生命の制御に向けた研究が始まっている今日、今回の出版物の課題の一つは、「分子生物学が生命の謎にどれだけ迫れたか」、すなわち最新の生物学を伝えることにあると考えました。ついで、誰に伝えるのかということが問題となり、(1)生物学研究の現場にいる若者と近い将来に現場にやってくる若者(今回のシリーズの「21世紀の分子生物学」)と、(2)その次を追ってくる青少年たち(今回のシリーズの「なぜなぜ生物学」)を対象とすることにしました。さらに、(3)未来の分子生物学を担ってくれる子供たちにもと考え、計画を進めています。加えて、(4)研究スピードが加速する中、分子生物学が今日に至った道筋を記録することは、これが記憶の奥にしまいこまれてしまう前に、また温故知新の意味合いからも、重要と考え、日本の分子生物学の小史を書き留めることにしました(今回のシリーズの「分子生物学に魅せられた人々」)。最後のタイトル、本書では、分子生物学進歩の臨場感を少しでも味わっていただけるように、基本的には各先生と関係の深い人と編集委員が聞き手となってインタビューを行う形式をとりました。インタビューを整理して、会話のやりとり形式にした場合もありますし、インタビューをもとに書き下ろしていただいた場合もあります。紙幅の制限により、お話を伺うことができなかった方々があまりに多かった点は、編集委員の心残りなところです。

本シリーズに執筆、あるいはご協力いただいた方々は、いずれもご活躍中の分子生物学者であり、日々の研究推進に献身されている方々ばかりです。編集委員一同、感謝の念にたえません。また、時として一筋縄ではいかない科学者や研究者に真摯な心配りをいただいた東京化学同人の住田六連氏には、かたどおりの謝辞ではすまない感謝とお礼を申し上げます。このシリーズが、分子生物学の次の時代の一歩に寄与できれば、編集に携わった者一同の大きな喜びと考えています。

二〇一一年四月

日本分子生物学会学術事業企画委員会を代表して　永田恭介

インタビュー聞き手・執筆者

荒木弘之	国立遺伝学研究所細胞遺伝研究系 教授，理学博士 ⑦
石野史敏	東京医科歯科大学難治疾患研究所 教授，理学博士 ⑫
大野睦人	京都大学ウイルス研究所 教授，理学博士 ④
鷹田多恵子	国立情報学研究所情報学プリンシプル研究系 特任研究員，博士(生命科学) ⑥
菅澤 薫	神戸大学自然科学系先端融合研究環 教授，薬学博士 ⑤
畠山昌則	東京大学大学院医学系研究科 教授，医学博士 ⑪
濱田博司	大阪大学大学院生命機能研究科 教授，医学博士 ③
林 茂生	理化学研究所発生・再生科学総合研究センター グループディレクター，理学博士 ①
平岡 泰	大阪大学大学院生命機能研究科 教授，理学博士 ⑨
平田たつみ	国立遺伝学研究所総合遺伝研究系 准教授，博士(医学) ⑩
広瀬 進	国立遺伝学研究所名誉教授，理学博士 ①
広海 健	国立遺伝学研究所個体遺伝研究系 教授，理学博士 ⑧
藤山秋佐夫《あさお》	国立情報学研究所情報学プリンシプル研究系 教授，理学博士 ⑥
三浦正幸	東京大学大学院薬学系研究科 教授，理学博士 ⑭
水島 昇	東京医科歯科大学大学院医歯学総合研究科 教授，博士(医学) ⑬
渡邊嘉典	東京大学分子細胞生物学研究所 教授，理学博士 ②

（五十音順，丸数字は担当章）

インタビュー設定，録音，記録，写真撮影：福田 博，並木孝憲
（日本分子生物学会 事務局）

テープ起こし：ブルーベリー 浅羽みちえ

目次

1

富澤純一

聞き手　林　茂生
　　　　広瀬　進

富澤純一博士はＤＮＡ複製や組換えなどの研究を通して、分子遺伝学の確立に大きな足跡を残すとともに、研究支援の活動を通してわが国の基礎生物学の進展に貢献しました。国立予防衛生研究所部長、大阪大学教授、米国立衛生研究所（ＮＩＨ）部長を歴任後、国立遺伝学研究所所長を務めました。朝日賞などを受賞し、文化功労者、日本学士院会員、日本分子生物学会名誉会員、米国立科学学士院会員、米国芸術科学学士院会員などになっています。日本の研究政策と研究者のあり方に厳しい意見を発信し続ける先生のお考えをお聞きするために、三島市のご自宅を訪問しました。以下の文は、インタビューをもとに聞き手の意図を考慮して富澤先生が書き下ろされたものです。

富澤純一（とみざわ じゅんいち）　薬学博士（東京大学、一九五七年）

国立遺伝学研究所名誉教授、総合研究大学院大学名誉教授

一九二四年六月二四日　東京に生まれる
一九四七年　東京帝国大学医学部薬学科 卒業
一九四七年　国立予防衛生研究所化学部
一九六一年　同 化学部長
一九六六年　大阪大学理学部 教授
一九七一年　米国国立衛生研究所（N I H）分子遺伝部門 部長
一九八九年　国立遺伝学研究所 所長、総合研究大学院大学 教授
一九九八年　同 客員教授

日本分子生物学会：名誉会員、評議員（第7、8期）、
学会誌「Genes to Cells」編集長（創刊一九九六年〜二〇〇五年）

分子生物学と共に歩んで

1. 富 澤 純 一

生物科学者への道

私は麻布中学で東大を出たての小山誠太郎先生に化学を学びました。生徒に問題の解決を考えさせる教育法には先生の創意と熱意が感じられました。私が中学を出て二七年後に、母校の教室で小山先生を囲んで三〇人ほどの教え子が集まりました（文献1）。小雨の降る冬の日で、先生にお目にかかる最後の機会になりました。驚いたことに、そこに著名な作家の吉行淳之介君がきていました。私は同君と同じ学年でしたが、その会で同君が小山先生のシンパ（個人または団体の信条に深く帰依する人）であったことを知って驚きました。小山先生が吉行君を引きつけたものは「化学の教育」ではなく、教育に現れた先生の「生き方への情熱」であったとしか思われません。今にして思うと、私はその情熱によって「生き方の基礎としての使命感」が与えられ、たまたま、先生のご専門と近い科学の道を歩むことになったのだと思います。

第一高等学校を経て、当時有機化学のメッカであった東大医学部薬学科に入り、二年次に石館守三先生の教室に入りました。終戦直後のことになります。先生は戦後の日本の教育方針の策定に関与されており、われわれには心配せずに落ち着いて勉強するよう諭されました。おかげで、充実した卒業実験ができました。卒業にあたり、先生から「新しくできた国立予防衛生研究所（予研）に福見秀雄という優れた若い研究者がいるから、そこへ行け」と指示されました。

一九四七年から、福見研究室で先生が行っていた免疫学の研究に協力し、抗原抗体反応の定量化についての実験をするとともに、研究室に課された業務も積極的に引受けました。多面的な知識を得るとともに、基礎的な細菌学と生化学の手技にも習熟しました。後に大変役に立ちました。若いころは何でもやることです。

予研は東大伝染病研究所と同居していました。両研究所の若い研究者の交流が盛んに行われ、合同のセミナーなどで外国の生物科学の進歩をひしひしと感じました。そして、それまで事実の記載を主としてきた生物現象を、その根底にある法則に基づいて理解しようとする新しい学門の流れに魅力を感じました。

文献を読むことから世界の生物学の状況を知るのは、さして困難ではありませんでした。それは、世界中が大戦後の困難な状況にあり、注目すべき研究者は限られており、読まなければならない論文の数もさして多くはなかったからです。情報が氾濫する現在を思うと、将来の問題を探すとき、早い時点で自分の目指す方向を考えて、論文を能動的に選択することが必要です。漫然と論文を受動的に読んでも効果は少ないと思います。

分子遺伝学研究の始まり

予研では、免疫学の研究に続き、生化学の研究を行って学位を得ました。分子遺伝の実験を始めたのは一九五四年のことです。それまでに、遺伝子の本体がDNAであることが確実になり、DNAの二本鎖構造のモデルが提出されました。同時に提案されたDNA構造の相補的性格に基づく、遺伝情報の半保存的伝達の機構は魅力のあるものでした。しかし、DNAの複製機構はまったく不明で、遺伝情報がいったんタンパク質に渡される可能性も否定されてはいませんでした。私はDNA複製の問題が、分子遺伝の中心の課題であると考えて、その研究を計画しました。思いついたことがらに関して、最も中心となる問題を取上げるという姿勢はその後も変わりませんでした。

そのころ、バクテリオファージ（細菌に感染するウイルス）T2が感染すると宿主大腸菌DNAの合成が止まり、ファージDNAの合成が始まることが知られていました。そこで、もしファージDNAの合成のために、新しく合成されたタンパク質が必要なら、その合成を止めればDNAの合成はないと予想して実験を考え、コールドスプリングハーバー（CSH）のハーシー（A. D. Hershey）からファージをもらいました。

実験してみると、タンパク質合成を阻害するクロラムフェニコール（CM）を感染直後に加えると、DNAはまったく合成されませんでした。ところが、少し時間をおいてからCMを加える実験では、加えるまでの時間に応じたDNAの合成が、CM添加後にも続きました。このことは、ファージDNAの合成にそれまでになかった、新しいタンパク質の合成が必須で、その量に応じたDNAが合成されたことを意味します。また感染後に感染菌がファージをつくる能力の紫外線耐性はファージDNAがほとんど合成されない時点で顕著に増加し、耐性の増加はCMによって阻害されました。紫外線はDNAに障害を与えるがタンパク質は比較的耐性であることが知られていましたから、この結果もDNAの作用を介してつくられるタンパク質が複製を仲介する可能性を示します。実験結果をハーシーに知らせたところ大変驚き、CSHでの会合で紹介し、論文の発表を仲介してくれました。

この実験で、新しいタンパク質の合成が必要なことは証明されたのですが、その機能はわからなかったので、「タンパク質にDNAの遺伝情報が移されるかどうか」には答えていません（文献2）。情報がDNAからタンパク質へと、一方向へと流れるというドグマがやがて確立することになります。

ところで、新しい研究分野を創設するためには、新しい方法を開発することが必須であると一般に考えられているようですが、それは誤解です。分子生物学の基盤をつくるのには新しい方法はまったく用いられていません。分子生物学の創設で一九六九年ノーベル賞を得た、デルブリュック（M. Delbrück）、ハーシー、ルリア（S. E. Luria）などの業績にみられるのは物理学と遺伝学の素養、論理的思考と定量的な実験解析がほとんどすべてです。特にデルブリュックは実験家ではありません。彼は物理の原理が生物現象にあてはまると信じて、遺伝の基礎を考察し、信者を集めたカリスマ性の強い人です。

分子遺伝学の確立

その一年後にハーシーに招かれて渡米しました。そこでは、感染菌内のファージDNAの状態を詳細に解析しました。ついで、マサチューセッツ工科大学（MIT）のレビンサール（C. Levinthal）研究室に移り、大腸菌染色体の組換えの機構を研究しました。組換え体の出現頻度の解析から、組換えが染色体の切断と再結合の機構で起ることを示唆する仕事をしてから、一九六〇年帰国しました。予研に戻り、翌年に化学部長を拝命しました。前部長の水野伝一先生の取計らいで旧部員の多くは転出し、新部員を採用することができました。研究者の多くが分子生物学を知らなかったので、手分けしてF. JacobとE. L. Wollman著のThe Sexuality and Genetics of Bacteria（邦題「細菌の性と遺伝」）を翻訳しながら、討論を通して、この分野についての理解と論理的思考の推進を図りました。このようにして研究の基盤がつくられ、DNAが関係する分子遺伝学の基礎となる多くの課題に取組むことができました。

ところで、先に述べたファージの複製の実験も細菌の染色体の組換えの実験も、研究対象とするDNAの性状の変化を、細菌の性質の変化から類推したもので、DNAを直接扱った実験ではないので、得られる情報は間接的なものです。それまで行われてきたほとんどすべての微生物遺伝の実験はこの種のものでした。私のグループの目指したのは、核酸の性状やその変化を直接観測することでした。そのような、目標を設定したグループは当時世界でも少なかったと思います。奇妙なまでに化学の視点がないがしろにされていた創設の時代の分子遺伝学は、展開の時代を迎えたのです。そこでは、新しい実験方法の開発も必要となりました。

われわれがしばしば用いた実験法は、異なるDNA分子種を、重水素^{2}H、重窒素^{15}N、ブロモウラシル、^{32}Pなどで標識し、これらを塩化セシウム溶液中でDNAの比重の違いによって分別する方法（密度勾配遠心法）です。この方法を用いて、それぞれの反応によって生ずる、特定のDNA分子種を分離し、その物理的性質を解析するともに、電子顕微鏡で形態を観察しました。そして、各種の変異株を用いて、これらの反応の遺伝的支配を明らかにしました。

　このようにして、T4ファージの遺伝的組換えが、選択的複写によるのではなく、分子の切断と再結合によることを確証し、また、増殖中のλファージの形態を初めて明らかにしました。さらに、P1ファージＤＮＡが環状プラスミドとして存在することを示し、ウイルスがプラスミドとしても存在できることを知るとともに、形質転換P1ファージの頭の中は宿主菌の染色体断片だけであることを示しました。また、雌雄の大腸菌の接合によって、雄菌のＦ因子の環状ＤＮＡの特定の一本鎖が、一定点で切断され、5′末端を先頭にして雌菌に移行することを明らかにしました。さらに、λファージをもたずに、そのリプレッサーだけをもつ菌を作成し、ファージ複製のリプレッサーによる制御の様式を解明しました。また紫外線照射によるリプレッサーの不活化に菌の *recA* 遺伝子が関与することを知りました。

　これらは研究成果の一端ですが、研究者はそれぞれ別個の課題を扱い、ほとんどの研究は同時に進められました。彼らはよく情報を共有し、研究は非常に効率よく行われました。信頼して任されると、若い人は大きな力を出すものです。それにしても、研究対象の多様なことを奇異に感じる方もいるかもしれません。私はできて間もない分子遺伝学に幅をもたせることによって、この学問の基礎をつくるのを研究の方針としたのです。したがって、個々のテーマの重要性はともかく、すべてのテーマ全体としての解釈の整合性が眼目でした。このようにして、われわれは、分子遺伝学の確立に貢献したと信じています（文献３）。

　一九六五年に予研での研究が順調に進んでいたころ、阪大理学部生物学科から教授としてのお招きをうけました。半年ほど固辞しつづけましたが、その熱意に根負けして兼任を承諾しました。専任となったのは一九六八年で、大学紛争のさなかには、教室主任として対応しました。間もなく理学部が封鎖されると、私の研究活動の中断を憂えた米国のいくつかの大学、研究所から誘いがあり、最終的に大学の平常化後の一九七一年に米国ＮＩＨ

に移ることになりました。阪大在任中は学生との対応が中心となり、自分の研究を考える余裕はありませんでした。

DNA分子を単位とした複製の様式

ＮＩＨではＤＮＡ複製の研究に集中しましたが、当時、多くの生化学者が行っていたＤＮＡ鎖の伸張反応ではなくて、ＤＮＡ分子を単位とした複製の様式を研究しました。複製に伴う分子全体の形態の変化と、その制御の機構の解明を目指したわけです。そして、最も小さな環状のＤＮＡが研究に有利と考え、プラスミド ColE1 ＤＮＡの複製に研究の対象をしぼりました。われわれが無細胞でのそのＤＮＡ分子の完全複製に初めて成功し、複製の様態や起点を明らかにしたころには、このプラスミド複製の研究を独占する状態になり、あとは、われわれ自身のペースで着実に問題の解明を進めるだけでした。組換えＤＮＡ技術やＤＮＡ塩基配列決定法などをいち早く利用したのも、われわれの研究の特徴でした（文献４）。

おもな知見は、複製開始とその制御の機構の解明です（図１・１参照）。つまり、ＲＮＡポリメラーゼにより合成されたＲＮＡ（ＲＮＡⅡ）は特別な三次元構造をとり、複製起点のすぐ上流側でＤＮＡとハイブリッドをつくる。そこでＲＮアーゼＨによって切断されて五五五塩基から成るＤＮＡ合成開始のプライマーとなる。しかし、ＲＮＡⅡに三つのループから成る約一一〇塩基のＲＮＡ（ＲＮＡⅠ）が結合すると、必要な三次元構造がつくられず、プライマー形成は阻害される。これらの高次構造をもつ二種のＲＮＡ分子の結合によってプライマーの形成が制御される。これは、アンチセンスＲＮＡによる機能制御のはじめての発見です。

ＤＮＡの研究から始まってＲＮＡの話になりましたが、ＲＮＡの構造と機能に関する研究はＤＮＡについての研究とはまったく異なります。それは一本鎖ＲＮＡが多くの異なった立体構造をとり、合成の過程で時間とともに形態が変化するためです。したがって、一分子の構造も、二分子間の相互作用も一筋縄では行かない困難な問

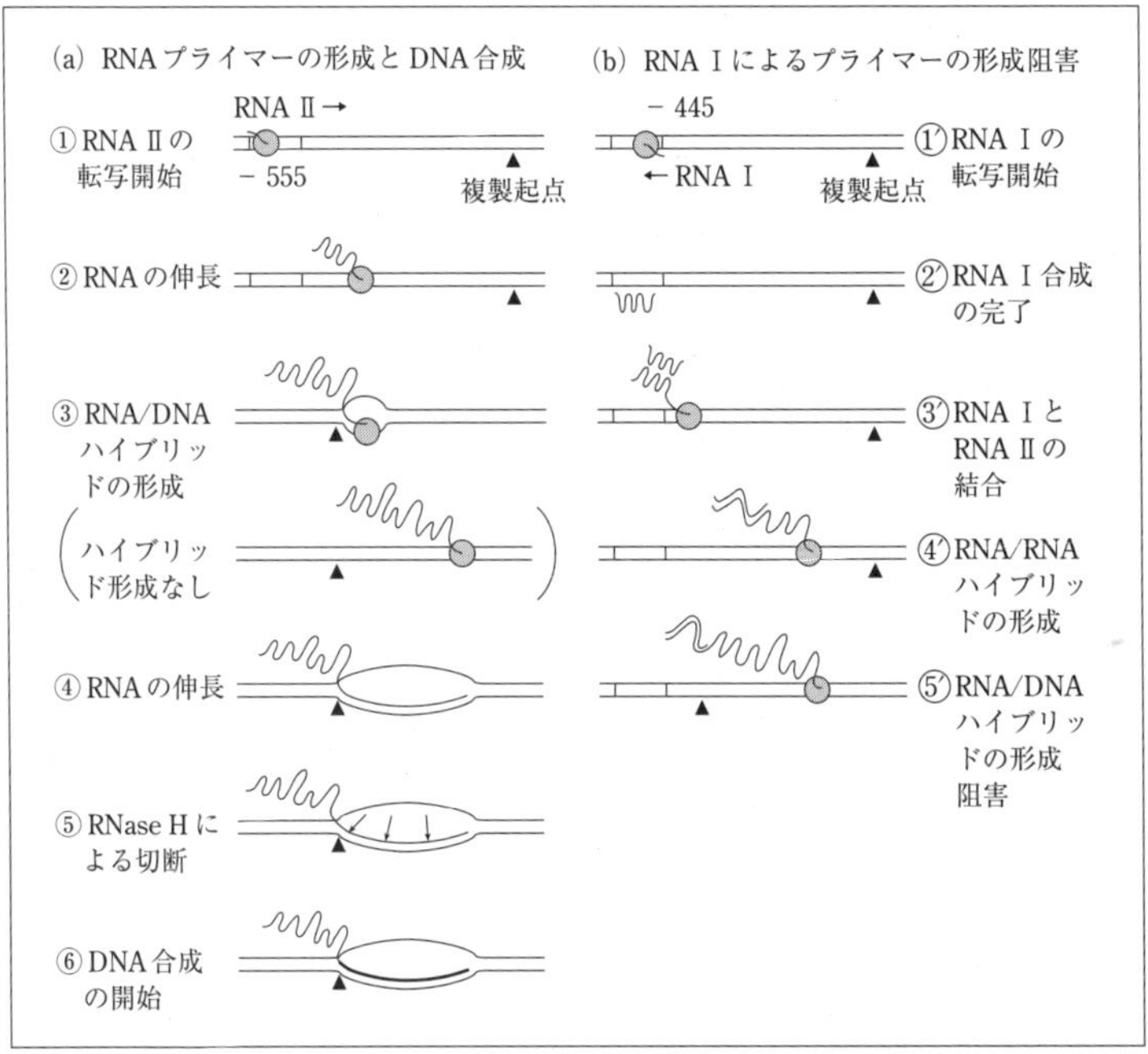

図1・1　ColE1 DNA合成のためのプライマーの形成(a)**とRNA Iによるその阻害**(b)　◯はRNAポリメラーゼ．RNA Ⅱが合成中に特定の高次構造をとると，DNAとのハイブリッドがつくられる（ステップ③）．必要な高次構造ができず，ハイブリッドがつくられない場合もある（括弧内）．ハイブリッドしたRNA Ⅱは切断されてDNA合成のプライマーとなる（ステップ⑤，⑥）．太線は新しく合成されたDNA．RNA Iが合成中のRNA Ⅱに結合するとRNA Ⅱは必要な高次構造をとることができず(ステップ④′)，DNAとのハイブリッドの形成は阻害される(ステップ⑤′)．

題があります。たとえば、RNAIによる阻害の律速段階は相補的な三対のループ間の結合で、完全な二本鎖RNAの形成ではありません。また、コンピューター解析で得られる最も安定な構造をもったRNAⅡは、プライマーとしての機能をもちません。この場合に限らず、コンピューター解析だけで予測したRNA分子の作用の解釈は恣意的になるおそれがあります。

日本の分子生物学研究体制について

初めての渡米から帰っ

て間もなくのころ、米国で好評なＣＳＨのファージコースのような分子遺伝学の講習会を日本でも行うという動きがあり、私は実行を依頼されました。私はこの依頼を喜んで引き受けました。二〇名ほどの、十一日間の合宿を伴う講習会は、一九六一年に始まり、夏ごとに行われ、一九六七年まで続きました。私は始めの二年は主任として、のちは助手として参加しました。当時の日本の主立った分子生物研究者のほとんどが協力しました。受講者の教育だけでなく、受講者間の緊密なつきあいがきわめて効果的でした。都合一八〇人の受講者から後に分子生物学会の中核となる学者が育ちました（文献３）。

また日本の基礎生物学の振興のために生物物理の特定研究が予定され、私は渡辺 格氏を助けてその中に分子遺伝研究グループを構築するのに努めました。一九六八年にグループに総額三千万円ほどが配布されました。日本で最初のピアレビュー（研究者間での審査）による分配を行いました。私は世話人でしたが、公正な分配がなされたと思います。日本で初めての分子生物学への公的な研究費の支給です。

日本分子生物学会が創立されたのは私の滞米中のことです。一九八九年に帰国し、国立遺伝学研究所長に就任しました。当時はすでに分子生物学は生物学の中核となっており、遺伝研として特に新しい研究方向を模索する必要を感じませんでした。ただ、機会あるごとに、長期的な視野にたって、優れた研究者を採用し、自由な研究の場を与えることを心がけました。

帰国間もないころに、分子生物学の欧文誌の創刊について、学会から相談を受けました。後に分子生物学会の機関誌となる国際誌「Genes to Cells」を、皆様のお力添えで編集長として創刊できたのは一九九六年です。外国の有名雑誌と競合する雑誌をつくるのが困難なことはわかっていました。情報の発信に大きなハンデキャップのあるなかで、すこしでもその不利を少なくするように心がけました。最近の情報の拡大は有名外国誌の能力を越え、不正確、恣意的な記事が少なくないと思います。地味でも堅実な特徴をもつわれわれの雑誌は、柳田充弘（第９章）編集長のもと、ますますの発展が期待されます。

生物学の研究者にとって、見過ごすことのできない問題に、放射性元素の使用規制があります。われわれの米国での研究では、常時^{32}PでDNAやRNAをラベルして分析しました。放射性元素の使用規制が諸外国に比べて、はるかに厳しい日本では不可能な研究です。米国の大学、研究所では最小限の規制のもとに、どの研究室でも^{32}Pなどの放射性元素が使用できます。予研化学部でわれわれの研究ができたのは、使用規制の厳しくなる前のことで、現在、同じように研究を進めるのは不可能と思います。

放射性元素による標識は他の方法にない特異性をもち、定量性と厳密性できわめて優れています。日本では、放射線施設を造るという箱物行政で研究者を隔離してきました。私はこの欧米諸国にはない極端に厳重な規制が、日本での研究に不利になるのを憂いて、米国にいた三〇年以上前からその改変を主張して、日本の行政担当者にも働きかけましたが残念ながら改善は見られませんでした（文献5）。一九六〇年代後半に世界のトップレベルにあった日本の分子遺伝学が、このレベルを保てなかった理由にこの規制があります。国際的な状況を無視して、このような規制をつくり、それを維持してきた、わが国の政策決定機構の欠陥を指摘しなければなりません。規制によって利益を受ける集団が存在する以上、研究者が規制の改変を主張し続けなければ、日本の基礎研究を阻害し、国際協力を妨げるこの規制は続くでしょう。同様なことが、繰返されないことを願うばかりです。

このような過度な規制のために、われわれが構築した研究の流れはわが国では、絶たれることになりました。しかし、研究者の交流を通して、その一部はハーバード大学とMITの生物学部での教育と研究に生かされたように思います。

今後への期待

一九四〇年代に、微生物の分子遺伝の解明から始まった分子生物学は、遺伝子の構造と機能の基本的な性格を明らかにしました。このような学問上の大役を果たし終えた結果、一九七〇年代になると、この学問をさらに推進する意義が問われることになりました。この困難な状態からの離脱を助けたのは遺伝子クローニングとDNA情報解析の技術の開発です。分子生物学の発展とともに培われたこれらの技術によって、より複雑な高等生物の細胞の性質を分子のレベルで理解することが可能になりました。このようにして、研究の対象が広がるとともに、細胞の性質はもちろん、その集団である組織や個体が示す特有な機能も研究できるようになりました。想像を絶するような、多彩な多くの生物現象が解明されるのを待っています。この日本分子生物学会の企画した冊子のなかに、多くの美しい実例をご覧いただけると思います。

私どもが英文国際誌を企画したときに悩みぬいたことの一つは雑誌の命名でした。分子生物学を扱うものとして、Molecular Biology の語を入れたものを仮題として月刊雑誌の企画を進めたのですが、良い最終案が思いあたりませんでした。そこで、おもな分子遺伝の研究対象であった Genes and Cells を取り上げ、次いで、and を to に差し替えて、研究の流れを表す動的な誌名にして「Genes to Cells」を創刊しました。それまでに誌名に to を用いた雑誌はありませんでした。しかし、目標を Cells の理解に限る理由はないのですから、私は Genes to Cells and beyond CellsでCells を越えた Tissues and Bodies を意識して to をつかったつもりです。ただし、Genes の解析から Cells を理解するばかりではなく、Cells や Tissues や Bodies の解析から Genes の機能を予測することも大切ですから、ここでは to は両方向性だとするのが至当だと思います。

このように、研究の対象は順調に拡大されたのですが、近年の多くの研究で、実験の記述が定性的で、その結果、恣意的な解釈を許す傾向が見られるのは残念です。創立時の分子生物学が、その理念とした「論理的思考と定量的な実験解析」、言い換えると「数」を「言葉」として用いることをほとんど忘れているのがそのおもな原因だと思います。もし、生物現象の定量的側面が進んで解析の対象とされ、その解析が数学的に表現されるならば、生物学から不明確さが除かれるばかりでなく、新しい局面を加えることになると思います。また、分子生物学は、ややもすると、将来に対する予言を可能にする決定論的な物理の論理の適用に傾き、その論理に隠された仮定を無視できない場合に対する考慮が欠けているように思います。そのための事例を与えるのは、ひとえに定量的な測定にもとづく研究しかないことに心すべきだと思います（文献6）。このような配慮は、分子生物学の裾野を広げることになるでしょう。

このように、分子生物学の将来は可能性に満ちたものです。しかし、将来がどのようなものになるかは若い皆様の動き次第です。その時々に、使命感をもった対応を、情熱をもって進めれば、皆様の将来は希望に満ちたものになると思います。

参考文献

（1）小山誠太郎、「麻布中学時代とその生徒たち」、自然、**22**, 34～38（1967）.

（2）富澤純一、「私の分子遺伝学（1）」、遺伝、**47**, 71～78（1993）.

（3）富澤純一、「私の分子遺伝学（2）」、遺伝、**47**, 101～108（1993）.

（4）富澤純一、「分子生物学研究の流れ」、蛋白質 核酸 酵素、**39**, 1399～1409（1994）.

（5）富澤純一、「価値判断のあやまり」、蛋白質 核酸 酵素、**46**, 696～697（2003）.

（6）嶋本伸雄、富澤純一、「反応平衡における熱揺動の生理学的役割」、物性研究、**85**, 635～646（2006）.

2

岡田吉美

聞き手　渡邊嘉典

岡田先生は、植物ウイルス学の分子生物学を先導された方で、また日本分子生物学会の発足にあたっても大変ご尽力され、第1回年会長を務められました。この機会に、先生が若いころに分子生物学にかけた情熱とその時代の息吹を語っていただきました。今とはずいぶん時代が違いますが、研究を取り巻く環境およびそこにうごめく研究者の本質には、いつの時代にも変わらないものがあることに新鮮な驚きを覚えました。

岡田吉美（おかだ よしみ）　理学博士（大阪大学、一九六一年）

東京大学名誉教授

一九二九年二月三日　静岡市に生まれる

一九五二年　大阪大学理学部化学科　卒業

一九五七年　大阪大学大学院理学研究科博士課程　修了

一九五九年　九州大学医学部医化学教室　助手

一九六二年　大阪大学医学部付属癌研究施設　助手

一九六四年　オレゴン大学分子生物学研究所　客員准教授

一九六六年　農林省植物ウイルス研究所　血清研究室長

一九七二年　東京大学理学部生物化学教室　教授

一九八九年　帝京大学理工学部バイオサイエンス学科　教授

日本分子生物学会：第１回年会長（一九七八年）、評議員（第１、３、４期）

分子生物学の世界に足を踏み入れたいきさつ

大阪大学理学部化学科を卒業して、山村雄一先生に医学部の助手として採用してもらった。当時、ニーレンバーグ（M. W. Nirenberg）が「UUUはフェニルアラニン」という、最初の遺伝暗号を発表して、みんなが興奮していた時代。僕も遺伝暗号の研究で米国への留学が決まったのだが、中心性網膜炎になってしまい、一時は留学も断念しようかと思った。しかし、「目は一つあれば十分だ」という眼科教授の一言で、意を決して渡米した。

渡邊　先生がこういう研究の世界に入っていったころのいきさつをうかがわせてください。

岡田　僕は、大阪大学理学部化学科の卒業。赤堀四郎先生の研究室でN末端アミノ酸を決めるDNP（ジニトロフェニル）法を勉強した。その方法だけでサンガー（F. Sanger）がインスリンの一次構造を決定してノーベル賞をもらうわけだけどね。ところが、当時就職難でね。就職できなかったの。

渡邊　今でも、ある意味、若い人たちは就職難ですから同じですね。

岡田　そうそう、ところが非常にラッキーだったことは、山村雄一先生という先生がおられて、赤堀研にしばらく仕事に来ていたので、面識があった。その先生が九州大学の医化学の教授によばれて移ったわけ。当時の医学部には、基礎医学をやる人があまりいなかったので、助手のポストが空いていて、「おい、お前、来い」と言ってもらえた。

渡邊　そのとき先生はどういう立場にいらしたんですか。

岡田　僕は大学院を修了し、研修生の身分だった。ただ、旧制の大学院というのは今の大学院と違い入学試験も何もないし、出たからといって博士も何もくれない。いわば就職浪人のたまり場だった。

渡邊　保障も何もないということでは、いつの時代も同じですね。

岡田　それで九州大学に行って免疫化学を始めた。その山村先生が四年向こうにおられてから、阪大の内科の教授によばれ、僕も一緒に阪大に戻ったんだ。

渡邊　そのころには、先生が後にやられるような分子生物学とか、そういうことに対する思いはまだできていなかったんですね。

岡田　ちょうどそのころ、ニーレンバーグがモスクワの国際生化学会議で「UUUはフェニルアラニン」という初めての遺伝暗号を発表して、そのニュースが世界をかけめぐって、「分子生物学はすごいや」ということにはなったんだけど、自分が分子生物学をできるとは、そのころはまだ思っていなかったね。まだ抗体がH鎖とL鎖でできていることがやっとわかった時代でね、自分は抗体の構造を調べる仕事をやっていた。

ちょうどそのときに、オレゴン大学のストライジンガー（G. Streisinger）がT4ファージのリゾチーム遺伝子のフレームシフト変異と思われる変異株をいくつか分離して、そのタンパク質の一次構造を決められる人が欲しいという話があったわけ。

渡邊　そのころには、先生はもうそういうテクニックをもっておられたのですか。

岡田　ちょっとだけね（笑）。僕はDNP法で、N末端しか決めたことがなかった。だから、実際にアミノ酸配列を決めたことがなかった。だけど、当時アミノ酸配列を決めるPTC（フェニルイソチオシアネート）法が発表されていたので、文献を見れば何とかなるだろうと思った。遺伝暗号解読につながる大きなテーマだと思ったので、勇気を出して応募し、それで行くことになった。

渡邊　その当時は海外に留学することに関して、不安とかそういうものはなかったんですか。

岡田　もちろんいろいろあったけど、特に僕の場合は留学直前に中心性網膜炎になり、大変だった。阪大の眼科では「仕事をしないで安静にしていなさい。留学なんてもってのほか。太陽光線にはなるべくあたらないように」と言われた。それで大学の仕事を休んで、黒い色眼鏡を掛けて、家の一番日当たりのない部屋でじっと座っていた。僕の人生で一番沈んだ何日かだったよ。

一カ月ぐらいしてね、山村先生の主催する班会議が大阪であって、僕は事務局をしていたので、「一日ぐらいいいだろう、出てこい」とよばれて、その班会議に出ていった。そこに九州大学の眼科教授の生井先生が班員でおられたわけ。班会議が終わって懇親会のときに、「僕は今すごく落ち込んでいるんです。実は云々…」という話をしたんだ。そのとき生井先生がいわれた言葉を今でもはっきりと覚えている。「君、中心性網膜炎は今の医学では何をしても治らないよ。だから、安静にしていても仕事をしていても結果は同じだ。くよくよしないで早く留学しなさい。中心性網膜炎は片方の目だけで、両目に広がることはない。目は一つあれば十分だ」と言われたんだ。それで僕は生き返って、次の日から元気を出してまた留学の準備をして、最初の予定から二カ月ほど遅れて出発した。

渡邊　渡米して留学されるときに、もう片目でいいんだという覚悟をされたのですね。

岡田　それはもう。だって治らないと言うんだもん、しょうがない。あのとき生井先生にお会いしていなかったら今の僕はないよね。治らないで安静にしていたけど、片目になって仕事も辞めて、まったく違った人生を歩んでいただろうね。

渡邊　チャレンジして外国に行って研究の世界に入るのとは、ある意味正反対の人生でしたね。

岡田　うん、だから、生井先生は命の恩人じゃないけど「僕の分子生物学」の恩人だね。

渡邊　そうなんですか。僕は卒業研究で先生の教えを受けて以来今日まで、全然そのことは知りませんでした。その後、研究はずっと片目でやられたんですか。

岡田　そうだよ。初めのうちは、ピペットから溶液を試験管に入れるときよく試験管の外にジャーっとこぼしたもんだよ。

渡邊　そんな苦労をされていたんですか。それは本当に知らなかったのでびっくりしました。

岡田　とにかくそういうことがあって、ストライジンガーのところへ行ったわけです。

フレームシフト変異の証明

ストライジンガー博士の研究室での僕の仕事は、野生株とフレームシフト変異株のT4ファージリゾチームの一次構造を比較して、両者の違いから、当時まだ仮説であったフレームシフト変異を生化学的に証明するとともに、*in vivo*（生体内）で実際に使われている遺伝暗号を決めようというものだった。研究の成功は、ゴードンカンファレンスでの檜舞台での口頭発表となり、盛大な拍手の中で発表を終えることができた。

渡邊　ご自分で先導して研究をやられたのは海外に行かれてからですよね。そのとき一番苦労したとか感動したというか、そのあたりのお話をお聞かせ下さい。

岡田　僕の留学先での仕事は、野生株とフレームシフト変異株のT4ファージリゾチームの一次構造を決めることだった。最初にやったのは野生株とeJ44・eJ42という二重変異株なんだけれども、僕は留学期間が二年間しかなかったから、二年間のうちにデータを出さなくちゃいけない。それがつらかった。いろいろ苦労して、ともかくそれぞれのリゾチームを三〇ミリグラムほど精製した。とても全アミノ酸配列なんて決められないから、まずトリプシン分解して、両方に共通でないトリプシン断片を探して、そのアミノ酸配列を決めることにした。いろいろ文献を調べて、ある人の方法を参考にして一・五メートルのイオン交換樹脂のカラムを使い、イオン強度とpHを一週間かけて徐々に上げていくというマッピングシステムをつくった。

渡邊　その実験の系自体は、先生は前に何回もやられていた実験ではないんですか。

岡田　いや、一度もない。ぶっつけ本番。しかも、途中で停電があったらフラクションコレクターが止まって終わりだからね。あのころ、日本ではまだ時々停電があったけど、さすがにアメリカでは停電はなかったけどね。とにかく、テクニシャンと昼夜交替制で張りついて、一週間がんばった。それで試験管が約八〇〇本できたかな。それをニンヒドリン反応で一本、一本チェックして、やっと共通でないペプチドを見つけることができた。

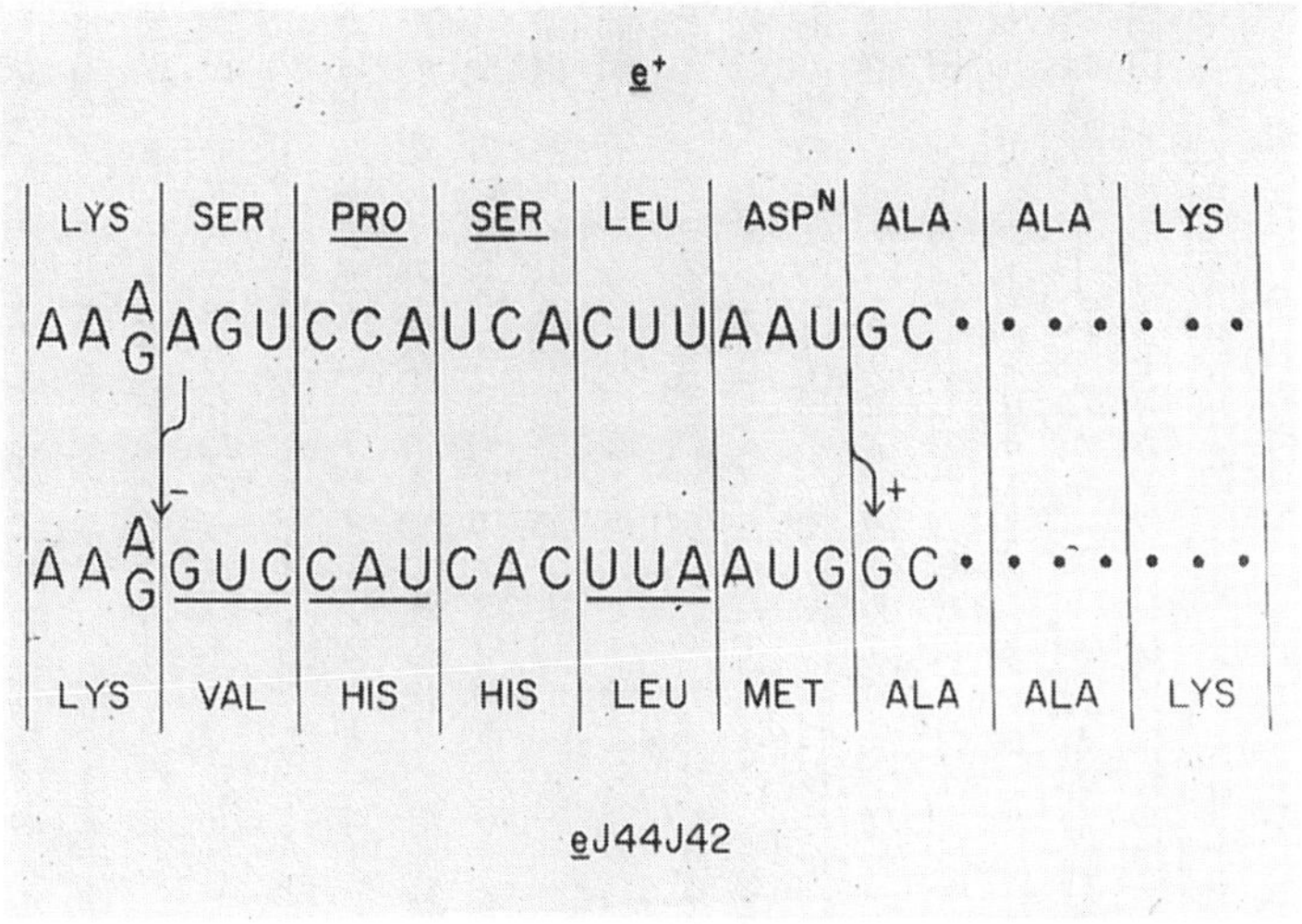

図2・1　ゴードンカンファレンスで使った最初のフレームシフト変異株の結果のスライド　上段：野生株由来ペプチド，下段：変異株由来ペプチド

渡邊　そこに焦点を当てて配列を決められたんですね。

岡田　それで決めたのが、野生株由来のセリンから始まるペプチドと、変異株由来のバリンから始まるペプチドだ（図2・1）。

渡邊　カラムにかけたあとに、その一つのペプチドだけがピークの違うところに出て、あとは全部一緒だったのですか。

岡田　そう。非常にラッキーだったね。

渡邊　もちろん、それはそれまでの蓄積と洞察力ですよね。

岡田　洞察力なんていうのじゃない、ただの山勘だね。それしかなかったから。僕はラッキーだっただけで別に実力があったわけじゃない。

渡邊　いやいや、そんなことはないですよ。ぶっつけ本番でできるのは、相当な実力です。

岡田　でもこのペプチドをPTC法でN末端から一個ずつ外していく方法じゃないとアミノ酸配列が決まらないんだよね。それは文献で読んでいるだけで、僕は実験したことがなかった。でも、とにかくやってみたら決まったわけよ。でもそこからが問題でね、こんなに違う二つのアミノ酸配列がフレームシフト変異で説明できるかどうかとても心配だった。このときまだ全部の遺伝暗号は決まっていなかったし。

渡邊　まだ決まっていなかったわけですか。

岡田　一九六五年の春だからね。それでストライジンガーがニーレンバーグのところへしょっちゅう電話していたの。「もう決まったかどうか」と聞いていたと思うけど、いつだったか、これはものすごくよく覚えているんだけど、お昼過ぎにストライジンガーが「ニーレンバーグのところで決まった」と言って実験室にとびこんできたの。そしてみんなをよんで、僕の決めた野生株のアミノ酸配列の下に、可能な遺伝暗号をすべて並べて、どちらか一方にずらして変異株のアミノ酸配列ができるかどうかというのをいろいろやって試していくわけだ。

渡邊　パズルみたいな感じですよね。

岡田　そうそう。息づまる思いで何分ぐらいたったかな。ついに図2・1の配列が見つかった。一斉に歓声があがった。この喜びを英語で何と言ったらよいのか。僕は“wonderful”とか“beautiful”とかいう言葉を一生懸命に探していたの。そしたら、一緒にやっていたジョイスが僕の後ろから甲高い声で“fantastic!”って叫んだのだ。あの時の彼女の叫び声が今でも僕は忘れられない。

渡邊　じゃあ、もう留学生活は大成功だったわけですね。

岡田　一年ちょっとしてからね。ストライジンガーという人はものすごくいい人だったので、夏のニューハンプシャーでのゴードンリサーチカンファレンスに「お前、発表に行け」と言ってくれて、僕が行くことになった。僕は英語が下手だったから（笑）、それから毎日猛練習させられたけどね。

岡田　それでゴードンカンファレンスへ行ってそこでまた大変なことが起こった。ニーレンバーグに初めて会って「こんなデータが出た」と言って、ニーレンバーグに誉めてもらおうと思って見せたの。そうしたら彼は、「この野生株の最初のセリン（Ｓｅｒ）がシステインの誤りではないか」と言うんだよ。ニーレンバーグと僕だったら勝負にならないじゃない。だからもう真っ青だよね。今さら、じゃこれはセリンじゃなくてシステインだって変えられないし。

その日の夕食の食堂でクリック（F. H. C. Crick）に会った。彼は、オレゴンにも来たことがあって、僕の研究内容を知っていたので「ニーレンバーグにこのセリンは違うって言われた」と言ったら、クリックが「心配するな。ニーレンバーグはしょっちゅう言うことが変わるから俺はお前のほうを信用するよ」と言ってくれた。それでちょっとは安心したけども、一週間すごくしんどかったね。遺伝暗号の発表は一番最後の日だったので、それまでの毎日、ほかの人の話がまったく頭に入らなかった。

発表当日ニーレンバーグが自分の決めた暗号表のスライドを出した。見たら、AGUのCysの字の上にマジックで線が引かれ、Serという手書きの文字が書かれていた。嬉しかった。全身の筋肉の力がゆるんでいくのがわかった。

渡邊　ニーレンバーグはなんでそれを訂正したんですか。

岡田　それはね、いろいろ言い訳をしていたんだけど、僕は早口の英語がわからないのと、ああよかったと思うので、もう聞いていなかったんだ（笑）。

渡邊　先生のデータを見られてから、彼もそう思ったんでしょうね。ずっと見直してみて。

岡田　あとから思ったら、彼もしょっちゅう椅子に座って、芝生の上で実験データを調べていたんだ。そのときに本当は、ニーレンバーグとディスカッションをすればよかったのだろう。でも怖くて、とってもよう行かなくてね。

発表は僕の前の前がニーレンバーグで、その次がコラーナ（H. G. Khorana）で、そして僕だった。僕は自信を回復し、何とか無事に発表することができた。僕らの結果は実際に *in vivo* で使われている遺伝暗号の初めての報告だった。また *in vivo* で一つのアミノ酸が複数の遺伝暗号を使っていることも初めて証明された。

僕は陸軍幼年学校、士官学校の出身だから、そのころまだ背中に日の丸を背負っていたわけよ。日本人がアメリカで間違った遺伝暗号のデータを出したということになったら、小さな学会ならいいけど、ゴードンカンファレンスなんてすぐばーっと世界中に広まるからね、自分の恥というよりも日本の恥だという思いが強かったから。それで、そのときにもう一つ忘れられないのは、アメリカの学会では発表が終わったら拍手をするのだけど、僕の発表が終わったら拍手が止まらなかったの。僕自身は"Thank you" "Thank you"としか言えなくて立往生。みかねてクリックが拍手を制してくれてやっと止まった。

こうして僕はタンパク質化学から分子生物学の世界に入った。そしてゴードンカンファレンスのあの止まらない拍手の音と、ジョイスの甲高いfantasticという声が、それからの僕の研究生活の心を支える大きな力となった。

渡邊　すごいですね。それは何十年も前の、研究の感動というか、ピークというのはそういうものですよね。

岡田　だからもう目なんか一つ見えなくてもよかったね。

独立してTMV研究を始めたいきさつ

農林省の植物ウイルス研究所の初代所長の木原　均先生にスカウトされて、ファージのフレームシフト変異の研究を続けようとしたけど、お役人が予算をつけてくれず、植物ウイルスとして唯一知っていたTMV（タバコモザイクウイルス）の分子生物学を始めた。しかし分子生物学的な研究は農林省の研究所ではやりづらく、結局、東大に移って続けることになった。

渡邊　先生はそのあと日本に帰られて、東大でTMVの研究室を立ち上げられましたね。そのTMVの研究を立ち上げられたときの苦労とか、もしくはそのあとの研究でのいろいろなことについて、何かちょっとお話しいただけますか。

岡田　それはまた長くなるけどね。今はないけれども、農林省が木原 均先生を所長にして、新しく千葉に植物ウイルス研究所を作ることが決まったの。それで木原先生がそこの室長を探しに、アメリカに留学をしている人をピックアップに来た。そのときに僕は植物ウイルスなんか知らないから、「ファージのフレームシフト変異の仕事をやらせてくれるんだったら植物ウイルス研に行ってもいい」と、今から思うと生意気なことを言ったわけ。当時ストライジンガーは彼の残りの変異株を全部自由に使ってよいと言ってくれていた。あの時代、まだ核酸の塩基配列を決める方法がなかったので、僕はフレームシフト変異株をたくさん分析して、それからmRNAの大半の配列を決めてやろうとひそかに考えていたんだ。今思えば無謀な考えだったけど。そうしたら、木原先生は「うーん」としばらく考えてね、「うん、いいだろう。バクテリア（細菌）は分類学上は植物だから、バクテリオファージは植物ウイルスだよ。君、やりたまえ」と言ってくれたわけ。

渡邊　それで、なんでTMVをやられたんですか。

岡田　それで日本に帰った。しかし木原先生がいいと言ってくれても、農林省のお役人はそんなもの認めてくれない。結局、お金と設備の面でできなかったんだ。

渡邊　今さらアメリカに帰るわけにもいかないですよね。

岡田　だから、じゃあ植物ウイルスをやるよりしょうがないなと思ってね。植物ウイルスで名前を知っているのはTMVしかなかったし、TMVはスタンリー（W. M. Stanley）が最初に結晶化したウイルスということで有名だったから、TMVをやることにしたわけ。それで考えたのは、一つはRNAの複製ね。Qβ（キューベータ）というRNAファージの酵素で、試験管の中で初めてRNA複製に成功した春名一郎さんと組んでTMVのRNAの複製をやろうと思った。しかし、この実験は失敗した。

それからもう一つはウイルスの再構成。TMVをタンパク質と核酸に分けて、それをまた混ぜるとTMVが再構成できる。どういう特異的な相互作用が核酸とタンパク質にあるのか、それを調べようと思った。そのころのはやりの言葉でいうと、分子生物学の中では「分子集合」というのが一つの大きなテーマだったわけ。この研究は東大に移ってから実を結び、それまで専門書に書かれていた再構成反応がRNAの5′末端から始まるというモデルが誤りであることを証明し、正しいモデルを提出することができた。

渡邊　なるほど。でもその農林省の意向と、今おっしゃったテーマは一致するものなんですか。先生はどうしてこういうことをやろうと思われたのですか。

岡田　木原先生はね「いい仕事をしたらいい」といつも言われていたから。だけど農林省の研究所にもともといた人たちからは、「なんだ、あいつは。日本の農民のために何も仕事をしていないじゃないか」という反発は結構あった。

渡邊　でも、すぐに役に立つとかいうことじゃなくて、やっぱり木原先生みたいに基本的におもしろい仕事をすれば将来役立つというか、意味があるということをおっしゃった先生がいらしたのは大きなことですよね。

岡田　そうだね。だけど、木原先生だって兼任だったから五年して辞められたのかな。それで結局、僕もしばらくして、幸い誘って下さる方がいて、東大へ移った。そしてその後、大勢の優秀な学生さんたちに助けられて、TMV-RNAの遺伝子操作系を欧米に先がけて確立し、TMVの分子生物学を国際的にリードすることができた。本当に幸運な研究生活だったと感謝しています。

渡邊　今ちょっとお話をお聞きしていて、いつの時代も同じだなと思うのは、今でも、これからもそうであるべきだと思うのですが、分子生物学というか学問というのは、何かにすぐに役立つからやるということではなくて、そのメカニズムというか、真理を知るために、そのことに本当に興味をもった人がやると進展するんですよね。昨今ではすぐに「何に役立つ」とか、実用化につながらなければ駄目だということを常にいわれるのですが。学問研究というものは、社会的にどういう意味があるかというような小さな枠で捉えないで、人類の遺産として継承し発展させてきたものだし、その派生として社会に役立つことが出てくるということが繰返されていると思います。自分自身の経験もこめて、その根本にあるものは失ってはいけないという思いを強く感じます。

分子生物学会について

分子生物学の夜明けの時代で大事な研究はみんな若い人が成し遂げている。当時、日本で分子生物学会が発足したのも、それまでの保守的な既存学会の雰囲気の中でなかなか活躍できなかった若い研究者たちが自由な議論の場を求めて作ったものだと思う。とにかく、研究の世界は若い人が自由に議論できる雰囲気がないといけない。

渡邊　先生は、分子生物学会の最初の年会長を務められて、日本の分子生物学会の歴史を見てこられたのですが、それを踏まえて、今後の学会のあり方ににについて何かご意見をいただけないでしょうか。

岡田　僕は三年前「遺伝暗号のナゾにいどむ」っていう分子生物学の夜明けの時代を書いた本を岩波ジュニア新書で出したんだ。僕は自分でこの本の特徴と思っているのは、実験をした人たちの年齢を書いているわけ。普通は何年に誰が何をやったと書くけど、僕はそれも書くけども、彼が何歳のときにそれをやったかということを年齢を調べて書いたわけよ。ジュニア新書ということもあるけどね。そうすると、分子生物学が始まったあの時代で大事な研究はみんな若い人がやっているんだよね。たとえばデルブリュック（M. Delbrück）が物理学から生物学に行こうと決心したのが二六歳ね。そしてファージの一段増殖系を確立したのが三四歳、レーダーバーグ（J. Lederberg）が大腸菌の雄雌を見つけて、遺伝子組換えに成功したのは二一歳。DNAの二重らせんモデルを出したとき、ワトソン（J. D. Watson）は二五歳、クリックが三七歳。そのDNAが半保存的に複製をすることを証明したのが、メッセルソン（M. Meselson）が二八歳、スタール（F. Stahl）が二九歳のとき。コーンバーグ（A. Kornberg）がDNAの合成酵素を分離したのが三八歳。ニーレンバーグが初めて遺伝暗号を解読したのが三四歳。それから、僕の留学先のストライジンガーがフレームシフト変異を証明したのが三四歳。大体が二〇代、三〇代の人が仕事をしている。だから新しい時代の扉をひらくことができたのは、やっぱり若い人の新しい発想とエネルギーだったんだろうと思う。それでできたんだよね。

逆に言うと、欧米ではこういう人たちがそういう仕事を自由にできる研究体制があったわけで、こういう人たちが自分の学会でどんどん分子生物の話をして、みんながそれに乗っていけたから、わざわざ分子生物学会を作らなくてもよかったのではないだろうか。それで十分周りも理解して、みんなが「そうだ」って自然に移って行けたんじゃないかなと思う。日本にはそういう流れができなかったのではないだろうか。

渡邉　当時保守的だった既存の学会の雰囲気になじめない、新しい分子生物学の流れを作り出そうとした若い人たちが集まって、日本の分子生物学会ができたということですね。

岡田　そう、そうだったと思うね。フランスの分子生物学者モノー（J. L. Monod）の有名な「大腸菌で真実であることは象でも真実である」という言葉がある。分子生物学では生命の基本原理は生物に共通だという理念があったと思う。だから大腸菌なんか調べて人の命がわかるものかという考えの人たちにはなかなか受け入れてもらえなかったのではないかと思う。みんなの意見を聞いて、「なぜ日本にだけ分子生物学会ができたのか」をまとめておくのは、科学史としても大事なことだと思うのだけど。分子生物学会と生化学会が一緒になるならないという話が最近あるようだけど、いずれにしてもそういう若い人たちが活発に議論できる雰囲気の学会でないといけない。

渡邉　結局、若い人が自由に議論したりのびのびとやるような雰囲気がないといけない。それがこれからの学会を考えるうえで一番本質なことかもしれないですね。それさえ保障されれば、別に名前はどうであれ、今、分野としてはみんなライフサイエンスということでは同じだということですね。日本の分子生物学会も、若い人が夢を描けるような学会であり続けられるように、もう若くなくなってしまったわれわれも頑張りたいと思います。

3

村松正實

聞き手　濱田博司
同席委員　永田恭介

村松正實先生は、核小体・リボソームRNAの研究から出発し、一九七〇年代よりいち早く組換えDNA技術を導入し、真核細胞の遺伝子クローニングや遺伝子の転写制御機構に関する研究を展開されました。また、そのお人柄から多くの若い人を引き寄せ、自由な研究環境の中で多くの研究者を育てました。今回、先生が設立された埼玉医科大学ゲノム医学研究センターをお訪ねし、研究の道に入られた動機、研究に対する考え方、若い人たちへのメッセージをうかがいました。

村松正實（むらまつ　まさみ）　医学博士（東京大学、一九六〇年）

東京大学名誉教授

一九三一年九月二六日　札幌に生まれる

一九五五年　東京大学医学部 卒業

一九六〇年　東京大学大学院医学系研究科博士課程　修了

一九六一年　ベイラー大学医学部薬理学生化学教室 博士研究員の後、研究助教授

一九六六年　癌研究会癌研究所

一九七一年　徳島大学医学部生化学教室　教授

一九七七年　癌研究会癌研究所生化学部　部長

一九八二年　東京大学医学部生化学第一教室　教授

一九九二年　埼玉医科大学医学部生化学第二教室　教授

二〇〇一年　埼玉医科大学ゲノム医学研究センター　所長

二〇〇九年　同　客員教授

日本分子生物学会：第5回年会長（一九八二年）、評議員（第1、3、4、6、7、9、10期）

内科医から基礎研究者へ――核小体の単離の成功が最初の転機

カルシウム濃度が三・三ミリモルというマジックナンバーだと、核は壊れるけど常に核小体だけがきれいに残る。精製した核小体を電子顕微鏡で見たとき、核小体のＲＮＡをショ糖密度勾配遠心で捉えたときの感動は忘れない。

濱田　村松先生は、最初は内科医としてスタートされたと聞いていますが、そこから基礎研究者へと方向転換されたきっかけは何だったのでしょうか？

村松　実は、私の親父が開業医だったんですよ。近所の人々からも尊敬されていたと思うし、いい親父だった。私も子どものころから「俺はこのままでいけば親父の跡を継いで医者になるんだろう」と漠然とした考えで過ごしていました。親父が患者さんを診て、夜、家に戻って来て病院の話をしてくれるのも楽しかったし、医者というのはきっとおもしろい仕事だなという感じをもっていました。それで結局、大学を受けるときに東大の理三を受けて入ってしまい、そのまま医者になりました。初めは普通の医者になるつもりだった。しかし、いろいろな本とか小説とかで読んで、研究は大変だと聞くけれども、おもしろそうだ、やってみたいな、と思った。とにかく誰も知らない新しいことを見つけること、こんなおもしろいことはないからね。

昔は大学が終わった後インターンというのが一年間ありますよね。それが終わって今度は自分の行く方向を決めるわけです。そこで迷いましてね。いろいろな科学解説書を読んで、生化学というのも一つのおもしろい方向だとも思ったんですけど、基礎医学では食べていけないというような噂が伝わってきたり、親父の影響もあって、とりあえず内科へ行ってみようかと思いました。そして第一内科に入りました。その中にはボスが何人かいて、僕は荒木嘉隆という先生に付いたんですね。今でも僕が最も尊敬する先生の一人です。その先生がちょうど僕が入局した次の年に、臨床の学会で宿題報告を頼まれていて、それが「炎症の生化学」だった。そこで荒木先生の下にいる五〜六人が、動物に炎症を起こさせて、そのときにいろいろな代謝がどう変わるかを調べたわけです。それで生化学になじみが深くなった。でも、炎症についていろいろな本を読んでいると、やっぱり癌がおもしろいというふうに思いだして、癌をやってみようと思ったんです。それで、癌では呼吸が落ちていて解糖が増加しているというワールブルグ（O. Warburg）の説があるよね。実際にそうなのかどうか調べるためにバターイエローという発癌剤をネズミに食べさせると、たしか一年以内に癌はちゃんとできるんですね。その途中のいろいろな段階で、TCAサイクルを見ようと考えた。

そこで、東大農芸化学の那須野先生という偉い先生にイオン交換樹脂を一から教わったんですが、とにかく乳酸から始まってTCAサイクルの成分が一本のカラムでほとんどみんな分かれるの。それは素晴らしくいい方法だったね。それをやると確かに発癌が起こり始めると非常に呼吸が減って、TCAサイクルに入れなくなってみんな乳酸のほうに行ってしまうということがわかった。それを実地で経験したのは非常に感動的でした。

そして四年が終わったとき、大学院が終わってどうしようかというときに、ちょうどアメリカにTCAサイクルを使っていろいろなことをやっていたブッシュ（Harris Busch）という先生がおられたので、そこへ行って研究をしたいなと思って申込んだら、ぜひ来ないかというので、それで留学することになったわけですよ。

永田　ブッシュ先生も、そのころはTCAサイクルのこともやられていたんですか。

村松　そうなの。でも向こうへ行ったらブッシュという人はいろいろなことをやっていて、癌に興味のあった人で、癌細胞を見ると核が大きい、しかも核小体が異常に大きくて形がおかしい。だから、何か核小体に異常があるんじゃないかというのがブッシュさんの直感だったのね。僕に、それを調べてみてくれと言うので、核小体を分離することにしました。そうしたら約半年できちんと精製できる方法を見つけたんですね。まずすでに知られていた方法で分離した核（ペレット）を〇・二五モルのショ糖溶液（細胞と等張になる）に懸濁して、それをソニケーション（超音波処理）で壊す。まずはカルシウムを入れない条件でやると、核は壊れるけど核小体も壊れる。それから、今度は五ミリモルのカルシウムの存在下で分離した核で試すと、それがスタンダードの方法だったのですが今度は核が壊れない。この〇から五ミリモルの間に、ひょっとしたら核小体は残る濃度があるんじゃないかというのが僕の直感だった。それで〇から〇・一ミリモルずつ上げていったんです。結局結論は三・三ミリモルというマジックナンバーで、そこに合わせると核は完全に壊れるけど常に核小体だけがきれいに残るということがわかった。

そうすると、核小体の機能が問題になってくるんだけど、そのころ、リボソームのRNAが核小体でつくられると言われていて、それを最初に言ったのはペリー（R. Perry）です。なぜかというと、ペリーがトリチウムウリジンでRNAを標識すると、45SあたりにピークのRNAができるんだけど、UVで核小体を照射してやるとそれがなくなる。だから証拠としては立派なんですけど、現実にそのRNA自体は見てはいないわけ。そこで僕は自分で核小体をとれるようになったから、調べてみたわけですよ。そうしたら驚いたことに、核小体をとると、ウリジンの標識ではなくて、吸光度（二六〇ナノメートル）でショ糖密度勾配遠心をみても45SRNAがグワーっと見えるわけ。しかも低濃度のアクチノマイシンDを使うと、リボソームRNAだけが非常に敏感に合成が抑制されるということもそのとき見つかったのです。初めの二年間はポスドクだったんだけど、三年目はインストラクター、四年目にはアシスタントプロフェッサー待遇になって、給料はぼんぼん上がりました。だから、米国は仕事ができればいくらでも給料は上げてくれるところだなと思った。

濱田　たしか先生は四年間ですごい数の論文を出したと聞いています。

村松　数はよく覚えていないけどいろいろ出しました。それで四年間、核小体でのRNA合成をやりました。僕のボスのブッシュは、癌で何か違うはずだと言ったんだけど、その違いはなかなかわからないんだよね。ただ核小体の形も変わるし、当然ながらリボソームRNA合成も変わるんですよ。だって、増殖が高まるから。何か特殊なRNAができているかもしれないというので、塩基組成（AUGC）を調べた。ちょっと違うぞということまでいったけれど、もう四年たってしまってそろそろ時間になった。それで一度とにかく国へ帰ろうというので、日本に帰ってきたんですね。

＊註：この核小体の分離法は、その後長い間忘れられていたが、プロテオームその他の解析技術の進歩によってなんと四〇数年後に取上げられ、新しい研究に用いられている。Andersen ら（2005）*Nature*, **433**, 77～83; Maruyama ら（2008）*Cell*, **133**, 627～639 など。

真核細胞の分子生物学の黎明期――国産初の遺伝子クローニング

分子生物学会が始まったときは、真核細胞でやるという人は少なかった、僕ぐらいじゃなかったかな。だから、「変わっている男だな、ファージでやったほうがよっぽど早いのに」という感じでした。私は、いろんなことに興味が多すぎたけど、いろいろな人の教育にはよかったと思いますね。

永田　アメリカから帰国されたときは、臨床に戻るか基礎をやるか、どのようにお考えでしたか？

村松　帰ってきたときも実はわからない。まだ決めていないで、臨床にいて基礎ができれば一番いいなと思ったんですよ。ところが、臨床にはポジションがないんですよ。やり続けるなら無給の医局員で、週二回ぐらい外へアルバイトに行くわけ。アルバイトをして生活をたてながら研究をやる人が大部分でした。僕もそうやるかなと思っていたら、半年ぐらいで癌研（癌研究会癌研究所）から声がかかった。吉田富三先生のあと所長をやられた菅野晴夫先生が、僕の発表をアメリカの学会で聞いたんだって。それで所長だった吉田富三先生に、「あいつは見込みがあるからよびましょう」と言ったら、吉田さんがぜひよんで来いと言ったから癌研に来ないかというわけ。そのときはやっぱり悩みましたね。今癌研に行ったら研究主体になりほとんど臨床を棄てなければならないけど、今のままだと勉強してきたことが役立たないし、随分考えたんですよ。そして、じゃあ、もう癌研に移るか、と。

濱田　それが二番目の大きな転機ですね。

村松　そうですね。そこでもう臨床はしょうがないから捨てようと思った。それで癌研に移ったんですよ。初めは核小体から始めて、リボソーム合成というのをもう少しちゃんとやろうと考えてね。東中川徹君（現早稲田大学教授）や、いろいろな人が来て華やかになりましたね。

でも、癌研にいた時間はそんなに長くないですね。今度は徳島大学がよんでくれたんだ。徳島大学に勝沼信彦先生という大先生（現徳島文理大学長）がいて、そこで教授が一人引退するから来ないかと言われた。僕としてはメンバーが増えると仕事が広がるだろうと思って行ったんですね。徳島へ行ってから、転写そのものをもう少しやってみようと思って、松井隆司君（現福山大教授）が Pol I（RNAポリメラーゼI）を精製して大きなサブユニットが二つで小さいサブユニットが三つ、四つあるということを見つけて「*European Journal of Biochemistry*」に出しましたね。***in vitro*** での転写もやって、もう少しいろいろなファクターがわからないかなと思って研究しましたけど、それはなかなか難しかったですね。それから、木南　凌君（現新潟大教授）も来て、二次元のフィンガープリントでリボソームRNAの構造解析をやってくれました。

ところが四年したら、今度は癌研にまた帰って来いという話が起こったんです。癌研で生化学部長だった、小野哲生先生が退官されるから代わりに来ないかというので、それでまた癌研に戻って来た。だからそのころは六年ごとぐらいに移ったんです。

濱田　たしか先生が癌研に移られた大きな理由は、癌研だと遺伝子組換えができるからでしたか？

村松　そうです。クローニングができるというのが大きな理由です。これは間違いないです。あのころ遺伝子の性質がだんだんわかりつつあったので、やってみたいと思っていた。ところが、どこでもそうなんだけど、新しい仕事を始めようと思うと、それに遠い人というか、それができない人は、新しい提案にみんな反対するんですよね。危険性とか倫理性とかを問題にして。それは今でも、どこでもある。当時は一九七八年ごろですね。

永田　一九七八年というと、ちょうど分子生物学会ができたころになりますね。

村松　日本でも伸びてきたころでしょう。それで渡辺 格先生を中心として分子生物学会を立てた。医科研にいた内田久雄さんが実務をやっておられた。僕も医学畑から参加しました。当時は、医学の基礎の学問というのは、医学畑の人にはあまり信用されていなかった。だけどおもしろくてやりたいんだからやろうじゃないかというので、僕も引っ張ってもらって、新しい学会の始まりのときに僕も手伝って参加しました。でも生化学会の長老たちからはちょっと疎まれた節がある。要するに、「生化学でいいのに、何も新しく分子生物学なんてつくる必要はないじゃないか」ということですね。そのころ生化学をやっていた有力な先生方は、核酸なんてあまり重要視しなかったから、生化学会の力のある先生との間には確執はあったと思います。やっぱり新しい分野が開けるときに常日頃起こりうることだったと、今は解釈しています。ただ、僕は医学部だというので、理学部関係の人からは保守的と見られていたかもしれません。

濱田　発足のときの多くの方は、理学部系の先生だったのですか。

村松　明らかに理学部系が多かったですね。それに薬学が少し加わってね。医学部で分子生物学会に最初に加わったのは、少なかったね。ひょっとしたら僕ぐらいじゃないのかな。

濱田　癌研での遺伝子クローニングはプロタミンが最初だったと思いますが、もしかしたら、これが国産のクローニングの最初ではないでしょうか？

村松　僕はそうじゃないかと思う。日本人としては、本庶 佑さん（当時、東大助手）が米国のリーダー（P. Leder）研で免疫抗体グロブリン遺伝子の一部を取られたのが最初でしょう。プロタミンｃＤＮＡは、酒井正春君（現 北大教授）が取ったんだよ。それは癌研における最初だし、日本でも最初のグループに入るんだ。とにかく、いくらでもｍＲＮＡがとれるから。

濱田　みんなでニジマスを採りに行きました。

村松　そうだったねえ。それで終わったあと集まって食うんだ。そのあとでβインターフェロンを谷口君（現東大免疫学教授，谷口維紹先生）がとったんだっけ（第11章）。それと相前後して，三嶋行雄君が本庶さんの所へ習いに行ってマウスのリボソームRNA遺伝子をとったが，これが僕としては本道だった。

濱田　当時はまだ日本に宝酒造のような会社がなかったから，制限酵素も売られていなかったし，いろいろな方に援助してもらいました。

村松　誰かが来てうちで働き始めるでしょう。そうすると，「まずは，一つ制限酵素をクローニングしないと仲間に入れてやらない」という感じだった。それは悪い意味ではなくて，来たときにそういう奉仕をする必要があったのね。というのは，まだどこの会社も売っていないんだもの。だから，自分のグループに誰かが新しく入って来て一緒に仕事をさせてくれというときは，「じゃあ，きみ，*Eco*R Ⅰじゃなくて，もう一つの酵素をやってくれよ」というと，まず一生懸命それを精製して，「よし。それをしてくれたから今度は一緒に助けてやる」と，そんな風習もあったぐらいですね。

濱田　僕が記憶しているのはα-^{32}PのCTPをつくるのに，ポリヌクレオチドキナーゼが必要で，それを京大の高浪満先生のところにいただきに行って，それを使って無機リン酸からつくった覚えがあります。五〇ミリキューリーぐらいの無機リン酸を使って，胸に鉛のエプロンをして。

村松　ほんと。「ベータ線だからあまり深く入っていかないよ」なんて言いながら，実は二次放射能のガンマ線を浴びていた。

永田　やっぱり分子クローニングが，先生の中でも革新的だったわけですね。

村松　そう思います。これからはやっぱりクローニングの時代だ，それをしなければ，アメリカやヨーロッパについていけないということは感じました。

濱田　当時，真核細胞で分子生物学をやっているところは，少なかったですか？

村松　あまり多くなかった。だから、渡辺　格先生が分子生物学会をつくったときも、真核細胞でやるというのは僕ぐらいじゃなかったかな。だから、逆に言うと、ちょっと変な目で見られた。「変わっている男だな、ファージでやったほうがよっぽど早いし、大抵のことは大腸菌でできてしまうよ。村松君はどうしてそんな真核細胞でやるのか」というような感じでね。「これでも医者ですから。将来ヒトを扱うにはどうしても」と言ったりしたことも覚えているよ。そのころ、東大生化学では本庶さんが免疫グロブリンH鎖の構造研究を始めるし、京大の沼　正作・中西重忠さんらは、脳下垂体のＡＣＴＨ前駆体のクローニングを始めておられたと記憶します。

そのころから後の僕の仕事は、若い人たちを助けたということだと僕は思っています。自分で手を動かしたというのはあまりない。

濱田　そうですね。村松先生がクローニングを始めていたころは、アイデアさえあればいろいろなことができるというすごくいい時代だったと思います。先生自身もいろいろなことに興味があったし、それから研究室の若い人が論文紹介すると、「それはおもしろいね。ぜひやろう」とかいう話になったりした。村松先生は興味が多すぎたというところがありましたね。

村松　そう、興味が多すぎたからあまり深く入れないこともあったと思います。でも、いろいろな人の教育にはよかったと思いますね。ただ、一つのことを最後まで貫くというのもいいけど、物とか現象だけに一生を賭けようという悲壮感はあんまりないんだよね。

埼玉での近況――研究の現場が好き、質問するのが礼儀

質問をするということは、とっちめるんじゃなくて助けてあげる。さらに言い足りなかったことを言わせてあげるものである。

濱田　先生は東大を退官されたあと、どこかの所長のような職に就くのかなと思っていたのですが、ずっと一教授として研究室をもっていました。それは研究現場が好きだからですか?

村松　やっぱり現場が好きだったね。僕はアドミニストレーションそのものは、もともと好きでもないからやりたいと思わなかった。座ってただ判子を押したり、何かのアレンジメントにイエス・ノーを言うだけではおもしろくないから、自分でもうちょっとやりたいと思っていました。それで埼玉医科大学へ来ましたが、六七で終わった後にまだできるというので、このゲノム医学研究センターを建てたんですよ。そのときから、俺もそろそろ試験管は捨てるかと思いまして、なるべくいい部長連を探して声をかけました。

やっぱり若い実際にやる人たちとフランクにやり合えるような関係が好きなので、上からこうしろとかああしろと指示を出すという立場は、僕は好きじゃないです。だからここを建てた後も、本当に学問をしたい人をよびました。

濱田　村松先生は、最近もずっと学会や班会議などにはよく出席されていますね。

村松　わりあいに行くでしょう。分子生物学会と生化学会と癌学会、この三つは今でも会員なので、なるべく出ています。確かに、もう全体的にはついていけないですね。それぞれ細分化してえらく難しくなってきているし、頭のほうも確かに悪くなってきている。いろいろな話を聞いても、すぐこうじゃないか、ああじゃないかと、たたたっと質問が出てくるほど頭が早く働かなくなってきている。

濱田　とおっしゃりながら、いつも一番前に座って質問されるんですが、あれはすごいですね。

村松　そうですか。せっかくここまで苦労してやってきたんだから、死ぬまで何年間を自分がやらなくても、人の話でもよく理解して、サイエンスを楽しんでいきたいと思っているから、そのトレーニングのためにも学会に出て質問しています。

濱田　すごいです。

村松　いえいえ、それは好きだからやる。
濱田　この前も、松島で分子生物学会の春季シンポジウムがあったでしょう。先生は行かれたんですか。
村松　うん、行ってきた。おもしろかった。
並木（事務局）　すべてのワークショップで村松先生が講演者の方にご質問されていました。
村松　それはある意味で少し自分に課しているところがあるの。つまり、われわれは何か質問をしないと忘れてしまったり、ぼんやりしたり、聞いていなかったりということがありうるから。何か一つ質問してやろうと思いながら聞いていると、頭で妄想が浮かんで来て、これを聞いてやろうなんて、途中から出てきますね。そういうふうにやって聞いたものはよく覚えている。だから、僕は若い人にも勧めるんだけど、「人の講演を聴いたら質問をするのが礼儀だよ」、そんな考えをもっていますね。一生懸命聞けば何か質問は出るはずなんだ。質問をするということは、とっちめるんじゃなくて助けてあげる。さらに言い足りなかったことを言わせてあげるつもりで聞いてあげる必要があると思います。

若い人の教育――自学自習、怒ったら負け

私の教育方針は「自学自習」。自学自習を助けるのが指導者の役割だと思います。人に対しては、「怒ったら負け」がモットー。僕にどこか誇れるところがあるとすると、若い人が伸び伸びと育ってくれたことだと思うんですよ。（聞き手追加：深刻そうな問題の議論の中でも、いつも物事のポジティブな面を引き出してくれる）

濱田　先生の教育のお話ですが、先生は研究室の若い人の教育はどういう方針でされていたのですか？
村松　僕の教育方針は「自学自習」、それを助けるのが指導者の役割だと思いますよ。僕は自分自身が育ってきた育ち方を考えると、「あ、おもしろそうだな」と思ったらその人に話を聞きに行く。それで自分でやれそうだ

なと思ったら、いろいろ本を読んでやってみて、実際にやっちゃおうか、ということでやってきましたからね。そういう意味では、「ここをこうしろ、ああしろ」と言わなくても、ある程度基礎的な知識ができれば、あとは自由に考えて、自由にやって、トライアンドエラーでいいと思っている。今でもそう思っているし、なるべく教室がそういう自由な雰囲気を保って、新しいことをどんどん切り開いていったらと思っていました。

濱田　まさにそうだったと思います。本当に僕らも好きなようにさせてもらいました。ありがたかったと思います。

村松　僕にどこか誇れるところがあるとすると、若い人が伸び伸びと育ってくれたということだと思うんですよ。この前、僕のラボにいて教授になった人数を誰かが調べたら三六だか三八ぐらいになるんだよ。

濱田　もう一つ気付いたことは、先生は研究室の人に対して怒ったことは一度もないですね。

村松　そうかな。ある時から、人に対して怒ったら負けだという考えをもったんです。これは僕のモットーです。「怒ったら負け」。つまり、怒るということは、ある人に対して適切に扱えなくなったということですよね。評価もしなくなったし、扱えないし、関係も保てないし、となるのが感情的に怒るということでしょう。だから、自分で気にくわない人にあったら、その点を論理的につかまえて率直に言うようにして、怒るというかたちではあまり表現しなかった。「これは駄目だよ、こうこうこうだから」ということは言いました。だけど怒らない。確かに、若いころは怒ったり喧嘩もいっぱいしたけど、結局、長い目で見るとあんまり得しないんだよね。結局、自分があとで苦い思いをすることになる。そうじゃなくて相手をうまく説き伏せることのほうが重要だろうと思った。

濱田　先生の天性のものも大きいと思いますけど、とても真似できません。

村松　半分は性質だと思うけど、一つは趣味がわりあい豊富だったから、気晴らしに恵まれたわけ。だから、怒りたいときには、その人にずばり「こうこうこれは駄目だよ」までは言って、それからあとは「もう知らん」と言って、こちらは自分の好きな趣味でもやっているほうが楽ですから。今でも議論はするけれども、あまり怒らないね。むしろ、なるべく向こうの言うことからいいところを吸い取ろうと思っていますよ。そういうふうにすると皆さんうまくいくんじゃないかと思う。

これから分子生物学をやろうとする学生さんたちへ――「とっぴなことより地道な一歩ずつ」

サイエンスというのは、新しいこと、誰も世界で見たことがないことを自分で見つけるとか、ものの考え方を作り上げることなので、最もエキサイティングなフィールドだと思っているんですよ。

濱田　研究者をやっていて、一番楽しかったことは？

村松　やっぱり新しいことを見つけて、これは本当かなと思ってやっていたら、次のデータでやっぱりよかったというとき。僕の原点、一番古い体験で言うと、核小体が分離できて、この濃度のカルシウムで常にできるというのを見つけたことだね。あるいはさっき言った45SRNAを証明するときにきれいなパターンが出たときなんて、やっぱりうれしいよね。

永田　最後に、これから分子生物学をやろうとする学生さんたちにメッセージをお願いします。さっきも先生がおっしゃっていますが、今の分子生物学は細分化してしまっています。その時代にあって、先生からぜひとも一言お願いします。

村松　やっぱり、私はサイエンティストとして一生を過ごしてよかったと思っている。つまり、どんな仕事でも成功があり、失敗があり、いろいろ複雑でしょうけれども、サイエンスというのはとにかく新しいこと、誰も世界で見たことがないことを自分で見つけるとか、ものの考え方をつくり上げるといったことなので、これはわれわれがやるのに最もエキサイティングなフィールドだと思っているんですよ。ですから、若い人たちに言うのは、サイエンスをまともに勉強して、そして自分の本当にやりたいことの目標をつくって、それで頑張ってほしい。それでサイエンティストになってほしい。

職業はすべて、他の人にとっても重要な役割をもっていなければいけないものですけれども、特にサイエンティストは人の役にも立ちうる学問だし、それから自分は満足しうる行為であるから、そういう意味では自分がサイエンティストの道を歩み始めたということをラッキーだったと、幸せだったと思わなければいかんと思うんですよ。そして、いろいろ困難もあるだろうけれども、それを一つ一つ乗り越えていくというところに人生に味わいを感じながら進んでいくことをお勧めしたいと思いますね。

一朝一夕に物事はうまくいかない。だけど、長い間やっていて、僕みたいに何十年とやっていて、僕はまた生きるチャンスでもあれば、またサイエンティストになるだろうと思います。そのぐらいサイエンティストは楽しい、いい仕事だと思っています。

永田　今の日本の生命科学の良さとか、悪さ、システムについて、どのように思われますか。

村松　日本の科学は、昔封建社会から近代化してから非常に短い間にここまで来たのは相当すごいことだと思います。このごろ先を急いで表現したり、決めたりする評論家が多いけれど、僕はあんまり賛成しないですね。今、第一線を地道にやっている人がたくさん重なるといつの間にかその局面が変わっていることに気づかされて、それでみんなが「ああ、そうなんだ」と言って、また別のほうに広がっていくというのがサイエンスではないでしょうか。まじめにやっていけば自然に道ができていくんじゃないかというのが僕の考え。日本はまだまだやる気もあるし、経済だって、まああいいし、見込みはあると思うから、落ち着いてやっていけば日本の科学は将来伸びるだろうというのが私の期待であります。

あとは、研究者に対しては、苦労をいとわない方がいいね。苦労は何だってあるんだから、苦労はいとわずに、しかし希望をもってやれということでしょうね。それしかないでしょう。

それから科学者になったことを幸せだったと思わなければいかんと思う。偶然も含めてね。だって、株ばっかりやってお金を儲けている人も中にはいるわけだよね。そういう人をちっともうらやましいと思いませんけどね。それよりわれわれはある発見が人に認められたとか、新しいことを見つけたということの喜びのほうがはるかに大きいわけであって、自分の仕事に自信、生き方に自信をもって欲しいと思います。

4

志村令郎

聞き手　大野睦人
同席委員　稲田利文

志村令郎先生はＲＮＡプロセシングと植物（シロイヌナズナ）の研究で有名だが、分子生物学の黎明期の発展を本場アメリカで大学院生として直に経験されている。若い研究者に対するメッセージとなることを願って、そのあたりのことを中心にお聞きした。

志村令郎（しむら よしろう）

Ph・D（ラトガース大学、一九六三年）、理学博士（京都大学、一九六八年）

京都大学名誉教授

一九三二年一〇月二七日　山梨県大月市に生まれる
一九五六年　京都大学理学部 卒業
一九五八年　京都大学大学院理学研究科修士課程 修了
一九六三年　ラトガース大学大学院博士課程 修了
一九六三年　ジョンズホプキンス大学医学部 博士研究員
一九六五年　同 インストラクター
一九六九年　京都大学理学部 助教授
一九八五年　同 教授
一九八六年　岡崎国立共同研究機構基礎生物学研究所 教授（客員および併任）
一九九六年　生物分子工学研究所 所長
二〇〇四年　大学共同利用機関法人自然科学研究機構 機構長
二〇一〇年　(財)国際高等研究所 副所長

日本分子生物学会：第3回年会長（一九八〇年）、評議員（第2、3、5、6、8、9期）、集会幹事（第1期）

分子生物学を志すきっかけ、アメリカ行き

志村先生は当初は生物学を志していたわけではなく、素粒子物理学を勉強しようと京都大学理学部に入学した。その後、教養課程から学部の学科へ分属する際、進路について迷い、湯川秀樹先生に相談すると、「他のことをやりなさい、たとえば宇宙とか生物とか」と言われ、農学部の実験遺伝学講座を担当されていた著名な遺伝学者の木原 均先生を訪ねる。そこで、これからは遺伝子の働きをモノのレベルで調べる遺伝学が主流となるだろう、それをやるためにはアメリカに行くのがよいが、京大なら理学部植物学教室の芦田譲治教授の研究室がよいと言われ、芦田研究室の門をたたく。芦田研では、酵母の銅抵抗性の機構を調べていたが、修士の学位を取るころに突如としてアメリカ行きの話が舞い込む。

大野 そのあと、先生は普通の学生のようにドクターコースに進まずに、海外へ行かれました。どういうお考えで海外へ行かれたのですか。

志村 先ほど、当時は、**アダプテーション**（適応）という概念が非常にもてはやされた時代であることを申しました。アダプテーションとは遺伝的な変異を伴わずに環境に適応していくということですね。

そのころ、パスツール研究所のモノー（J. Monod）は、大腸菌をグルコースとラクトースとを炭素源として培養すると、二段カーブを描いて増殖することを示しました。この二段カーブの最初の立ち上がりは、グルコースが炭素源として使われ増殖することを示しています。グルコースを使い切ると増殖はいったんは止まりますが、少し時間をおいてラクトースがグルコースとガラクトースに分解されるようになり、その結果、生産されるグルコースが炭素源となり、再度、増殖が起こるわけです。このラクトースを分解する酵素（β-ガラクトシダーゼ）は、最初から大腸菌内にあったものではなく、ラクトースの存在下で菌内に新たに生産されたものなのです。

アダプテーションの立場をとる人は、この現象は、ラクトースの存在下で菌がラクトースに適応した結果だと説明しましたが、モノーはアダプテーションという考えをとらずに、**インダクション**（誘導）という考えを提唱しました。この考えによれば、もともと眠っていたβ-ガラクトシダーゼの遺伝子が、ラクトースによってオンになって（つまり活性化されて）、この酵素が合成されるようになるために、二段目の増殖が起こるのだという考え方を出したのです。モノーは、誘導を起こす物質を**インデューサー**とよびました。

私はそれをフランス語で読んで、その斬新さにびっくりしました。雑誌会のときに、フランス語と英語の論文も合わせて、モノーの論文しか紹介しなかったのです。探してきてはそれを雑誌会でしゃべっていたら、芦田先生から「きみはそういうことに興味があるか」と訊かれたので、「興味があります」と答えました。それが修士二年の初めぐらいだったと思います。

ワックスマン（S. Waksman）が、ストレプトマイシンの発見で得たお金で、ラトガース大学に総合的な微生物学研究所をつくったんですが、そこにボーゲル（H. Vogel）という人が、イエール大学から移ったんですね。イエール大学にいたときにボーゲルに指導を受けた由良 隆さんが—彼は後年、京大ウイルス研究所の教授になりましたが—ちょっと日本に帰ったときに、ボーゲルが日本の学生を一人とってもいいと言っているという話を芦田先生のところに来て伝えられたんですね。

それで芦田先生は、私を教授室によんで、「きみはアメリカに行く気はないか」と問われたのです。突然の話なので、「どうしましょう、行ってもいいとは思いますけども」と言ったら、「じゃあ、行ってきなさい。先方に手紙を書くように」と言われました。当時の私は、アメリカの大学やアカデミアについて、よくは知らなかったのですが、新しいところで、何か新しいことを勉強したいと思ってはいました。それで、留学したい旨の手紙を書いたら、ボーゲルから「Ph. D. が欲しいか」という返事が返ってきました。「どうしましょう」と芦田先生に相談したら、「くれるものは貰ってこいや」と言われました。それが苦労の始まりだったんですけどね。まあ、いきさつはそういうことです。

アメリカでの大学院生生活

ボーゲル研での研究テーマは、大腸菌のアルギニン合成系の酵素の一つであるアセチルオルニチナーゼのエンザイムリプレッション（酵素抑制）の研究、植物におけるリシンの生合成回路の種間バリエーションの研究など、どちらかといえば生化学を中心とするものであった。ボーゲルはエンザイムリプレッション（酵素抑制）という現象の発見者であり、エンザイムインダクション（酵素誘導）という概念を提唱したモノーとも親しかった。モノーはたびたびボーゲル研を訪れていた。

大野　ボーゲルはどういう感じの先生で、学生の指導はどんな風にされたのですか。

志村　ボーゲル先生というのはほったらかしでしたね。私もそれにかなり近い（笑）。大野先生も覚えがあるかもしれませんが（笑）。悪く言ったらほったらかし、よく言えば学生を信じてくれていたんですね。ただし、論文を書くときになると俄然厳しくなり、徹底的に質問するんですよね。実験ノートを持ってこさせて、矢継ぎ早に質問する。それで答えられなかったら「やり返せ」と。非常に厳しく、ちょっと変わった人だったんですが、とても親切な面もありました。

たとえば、私が初めて渡米した当時は日本人で学生として留学するのは非常にまれでしたが、私がニューヨークのアイドルワイルド空港（現ケネディ空港）に着いたとき、ボーゲル先生は、私が英語がしゃべれなくて困るだろうからと心配して、普通のゲートではなくて、特別の許可を貰って飛行機のタラップを降りたところで待っていてくれたんですね。そして、ニューヨークからニュージャージー州のニューブランズウィックまで連れて行ってくれたんです。そういうふうに、どこで覚えたのか知らないんですが、日本人の義理とか、人情という言葉を日本語で知っているぐらいでした。それで時折、「これは義理に背いていないか」ということを英語で質問されて往生したことがあります。

大野　そうですか。先ほどモノーがときどき来られたという話でした。ボーゲルもそうですが、モノーというのはわれわれにとっては伝説的な人物です。モノーはどんな感じの人でしたか。

志村　私は、見たこともないのに留学する前からモノーに憧れていましたが、会ってみると本当にかっこよかった。

大野　かっこいい？

志村　かっこいいんです。容姿だけの問題でなく、雰囲気というか、彼のもつオーラみたいなものです。英語はものすごく流暢なんですよ。

大野　でもフランスなまりでしょう。

志村　フランスなまりは、かすかにあったのかもしれないけど、たとえばアンドレ・ルボフとか、フランソワ・ジャコーに比べると、はるかにうまいんです。とにかくものすごく英語が流暢でした。それで、相手の目を見つめて非常に物静かに話をされると、ものすごくかっこいいなと思いました。私も、ああいうふうになりたいと思ったけど、ついに果たせずに終わってしまったですけどね（笑）。

大野　僕はどうしても聞いておきたいことがあるのです。先生がどういう学生生活をされていたのか。

志村　アメリカに留学した当初にいたラトガース大学の微生物学研究所から車で二五分ぐらい離れたメインキャンパスにあるフォードホールという大学院生の寮に、約一年半ほど住みました。五階建ての、この寮の二階で、物理学専攻のアメリカ人と相部屋でした。シャワーは地下室にあり、壁からお湯の出口が一〇個ほど突き出ているだけで、カーテンとかの仕切りは一切なし。また、同じく地下にあるトイレも、ドアはなし。トイレで用をたしていると、前を素っ裸のアメリカ人が、私に向かって大声で「ハロー」と叫んで歩いていくといった感じ。

まったくプライバシーがない生活でした。ラトガース大学というのは、一八六六年にアメリカで最初に、日本人留学生をとった大学なんですよ。日本人の留学生というのは、江戸の鎖国時代に熊本藩の横井小楠の甥が二人、偽名を使って密航して留学した。それが全アメリカで日本人の最初の留学生なのだそうです。熊本藩は越前藩とつながりがあったらしく、その後、越前の松平春嶽も自分の藩の若者を送り込んだようです。また、越前藩はアメリカのラトガースカレッジからも学者を招いて、若者の教育をさせているんですね。日本から行った大部分の留学生は政治学・法律学とか経済学を勉強したようですが、越前藩の日下部太郎という人は、留学生の中で唯一人、数学を専攻して特待生だったそうです。ところがその人たちの何人かは肺結核で亡くなってしまったのです。今でもニューブランズウィックにその共同墓地があるんですよ。たとえば、「大日本越前藩日下部太郎之墓」と漢字で書いてある。そういう墓石が八つか九つくらい、今でもあります。

去年、プリンストン大学と私のいた自然科学研究機構が協定を結ぶということになって、私が訪ねていったときもその墓石がちゃんと残っていました。戦争中は破壊されたそうですが、ある会社の社長が、個人のお金でそれを修復したのだそうです。

そういうことがあって、戦争に負けてからそれほどは経っていなかったのですが、何十年ぶりかで日本人学生が来たというので、大学の受けはわりあいよかったのです。私はフェローシップを貰って、授業料は免除でした。フェローシップは月に一六〇ドル。当時一ドル三六〇円でしたから日本円にすれば大変な額です。でもアメリカでは、最初の一年半の間は寮に住んでいましたが、寮費が一カ月に六〇ドル、枕カバーとかシーツを二週間に一度交換するサービスが月に二〇ドルですから合わせて八〇ドル。車がないと生活できないので車を買うお金を毎月五ドルか一〇ドル貯金をしていると、残りの五〇ドルくらいで一カ月食べなければなりません。大変厳しい食生活で、明けても暮れてもハンバーガーかサンドイッチしか食べられなかった。食堂に行くと、サンドイッチもいろいろな種類が書いてあるのですが、当初は何を言っても通じない。唯一通じるのがアメリカンチーズサンドイッチで、それしか食べなかった（笑）。

そういう生活でした。日本人留学生が少なかったので、向こうもどういうふうに扱っていいかわからなかったところもあったのではないかと思いますが、アメリカ人と同じカリキュラムで、同じ要求を出されたから、ものすごく大変でした。科目の単位をとらなければいけない。講義をとったとき、それが実習を伴う科目であるときは、実習のたびにクイズと称してべらべらと口頭で質問されて、その答えを紙に書いたものをその場で提出しなければいけない。そして、月に一回は講義内容に関する試験があり、学期末には全部を通しての大きな試験があるのです。Ph. D. を目指す者は、ある科目について行われるすべての試験を通じて、八〇点以下が二回あると落第とされていました（54ページ図参照）。ただし、これは大学院担当の事務の人に言われたことで、本当かどうか確かではありません。いずれにせよ、そんなことの繰返しで、最初の二年か三年は完全にノイローゼ状態になりました。

大野　外国人用のプログラムみたいなものはなかったのですか。

志村　なかったです。

大野　それは大変。

志村　最初の試験は、まず外国語の試験でした。最初に課された外国語はドイツ語とフランス語なんです。ドイツ語は、決められた時間で長いドイツ語の文章を英語に直すこと。フランス語は試験官の先生が会話をやった。フランス語は習ってはいたので読むことは多少できましたが、話すのはできなかったので、だいぶ抵抗したんだけど、結局、駄目というわけでね。フレンチカナディアンの人が先生で、入っていくと「ボンジュール・ムッシュ」から始まってフランス語しかしゃべらないので、それでやっと五〇点ぐらいとったら「駄目だ、こんなものではパスしたと言えない」と言うから、どうしたらいいのか聞いたら、「もう一つ外国語を取ることを命ずる」と。「次の外国語は何だ」と言ったら、「二つの選択肢がある。一つはスペイン語、もう一つは日本語である。どちらがとりたい?」と言うから、「できれば日本語をとりたい」と言ったら、わかってくれて日本語をとらせてくれた(因みに、日本語の試験の採点は、クリハラという名前の経済学部の教授でした)。まあ何とかそんなことがあって。

最先端の分子生物学の潮流の中で

当時は遺伝暗号が決まりつつある非常にエキサイティングな時期であり、志村青年はその進歩のまっただ中に身を置いていたわけである。

大野　生物の授業なんかもあったわけですよね。それはもう最先端の。

志村　それはもう微生物遺伝学から、生化学、免疫学、免疫化学、ウイルス学、土壌微生物学、一般微生物学など、とにかくたくさんですね。しかも最先端の知識を習得させられます。

微生物遺伝学の講義では、ワトソン・クリックは当たり前だったわけです。私は日本でワトソン・クリックを勉強してなかったので知らなかった。そのころは今ほど情報が入らないし、「ネーチャー」なんて簡単に読めなかったのですね。一九六〇年ころに、微生物遺伝学の講義をとったと思いますが、その講義の中で、すでにコーディングプロブレムが大きな問題として取上げられたわけです。**遺伝暗号**の問題ですね。コーディングプロブレムは、要するに遺伝子の文字(塩基配列)とタンパク質の文字(アミノ酸)をいかに対応させるかという問題だったわけです。それが遺伝暗号の問題となるわけですね。最初のときは、コーディングプロブレムって何だかわからなかったのです。日本はそのぐらい遅れていました。

大野　大学院の授業で、もうその話が出ているわけですか。ちょうどそのころですよね。

志村　そうです。最初に遺伝暗号が発表されたのが一九六一年だから。

Microbial Genetics
11/30/60

TEST

(30 points) 1. Discuss the Watson-Crick model of DNA structure and its possible modes of replication.

(30 points) 2. You are given a drug-sensitive strain of a bacterium. Upon plating on a medium containing 20 γ/ml of drug X you find four resistant variants per 10^9 organisms plated, but on higher concentrations of the drug you find none. Discuss briefly, a) how you could obtain evidence for the mutational origin of the resistant variants by two different methods, b) what you can deduce about the pattern of resistance, and c) how you would obtain variants resistant to higher levels of drug X.

(40 points) 3. Define:

a) recon

b) muton

c) coding problem

d) phenomic lag

e) segregation lag

f) enzyme repression

g) synthrophism

h) "leaky genetic blocks"

上図　当時のラトガース大学大学院の微生物遺伝学講義の小試験問題　日付は1960年11月30日となっている．試験時間は90分．このような小試験が講義ごとに月1回行われた．80点以下を2回以上とると落第．もちろん別に定期試験もあった．

右写真　大学院生時代の志村先生　ヨセミテ国立公園にて．

大野　本当に最先端の授業だったんですね。

志村　私は、コーディングプロブレムということを概念として講義で聞いていたもので、「ああそうか、ジェネティックコードというのがこれから大きな問題になるのだろうな」ということは予想していたわけです。

たまたま一九六一年、モスクワであった国際生化学会で、ニーレンバーグ（M. Nirenberg）がポリU（ポリウリジル酸）を大腸菌の細胞抽出液に加えたら、試験管の中でポリフェニルアラニンができたということを発表したのです。したがって、UUUがフェニルアラニンをコードするということがわかった。それが、コーディングを巡るすさまじい競争の発端になったわけです。

ニーレンバーグが最初に発表したわけですが、当時、ニューヨーク大学のオチョア（S. Ochoa）教授はそれを聴いて、学会が終わる前にニューヨークへ帰ってきて、自分の研究室を昼間働くグループと夜働くグループと二つに分けて、休みなしにいろいろな配列の人工ポリヌクレオチドをつくって、コーディングの問題に取組んだわけです。

このことは、研究者の間で非常に顰蹙《ひんしゅく》をかいました。ポリUとか、いろいろなポリヌクレオチドを人工合成するときに使った酵素は、マナゴが、オチョアのところに留学したときに見つけたポリヌクレオチドホスホリラーゼだったんですね。オチョアは、RNA合成の酵素だと決めてノーベル賞を貰ったんだけど、実は間違いで、後年の研究から、これはむしろRNAを分解する酵素であることがわかったのです。ちなみに、ノーベル賞選考委員会は、DNAの複製酵素とRNAの合成酵素の発見ということで、それぞれ、コンバーグ（A. Kornberg）とオチョアにノーベル賞を同時に授賞したのだけれど、両方とも間違っていたわけですね。

そのときはもう私は大学院を終えて、ジョンズホプキンス大学医学部（ネイサンズ研究室）へ移っていましたが、ニーレンバーグと他の二～三のNIHのグループとジョンズホプキンス大学の二～三のグループでエンザイムクラブというのをつくって、月に一回程度、研究集会を開いていました。そのときにニーレンバーグのグループの研究員だったリーダー（P. Leder）が、トリプレットバインディングという手法を開発して、遺伝暗号の解読が飛躍的に速く、正確に決定できることを報告しました。この手法は、正確に配列が決まった三文字のヌクレオチドをフィルターにのせて乾かし、それにアイソトープで標識したアミノ酸をｔＲＮＡに結合させたアミノアシルｔＲＮＡを個々にかけてフィルターを通すのです。フィルター上の三文字（コドン）とアミノアシルｔＲＮＡ中のアンチコドンが、正確に塩基対合する場合だけ、アイソトープはフィルターにトラップされ、どの三文字のヌクレオチドに、どのアミノ酸が対応するかが、簡単に同定できるわけです。リーダーは、あるときのエンザイムクラブで「この手法を使って、こういう新しいコドンが新たに解読された」とものすごくエキサイトしてしゃべったのを記憶してます。その会は夕飯を食べながらやる会だったので、後で「君のところが勝ったようだな」と言って祝福したことを憶えています。

大野　まさに分子生物学の最先端の真っ只中。

志村　そうです。それが一九六三～四年だったと記憶してます。ジェネティックコードが明確に決まったのは、一九六五年です。ニーレンバーグのグループはトリプレットバインディングで、非常に鮮やかにコドンの対応を決めましたが、オチョアのグループが最後まで用いたポリヌクレオチドホスホリラーゼによりポリヌクレオチドを合成する方法では、ホモポリマー以外のものについては、どうしても正確に順序が決まったヌクレオチドポリマーをつくることができなかったので、コドンの確実な決定が容易ではなかったのです。その問題を克服するために、配列の決まったポリヌクレオチドを有機合成したのが、ウィスコンシン大学のコラーナ（G. Khorana）のグループでした。昔、がんセンター研究所の生物部長だった西村 暹さんや北大教授だった大塚栄子さん、イエール大学のソル教授、ＭＩＴのラジバンダリー教授など、その他多くの人が、コラーナのグループのメンバーだったのです。ニーレンバーグとコラーナ、そして酵母のアラニンｔＲＮＡの全ヌクレオチド配列を最初に決定したホーリー（R. Holly）の三人でノーベル生理学・医学賞を共同受賞しました（一九六八年）。

大野　なんとエキサイティングな時代。

志村　ああ、それはもう、物凄くエキサイティングな時代でした。大学院のときから常にそういう最先端の中に放り込まれて、最初はなんだかよくわからなかったけれども、もうものすごくエキサイティングに、怒濤のような勢いで分子生物学が展開する中で、否応なく揉みに揉まれて、胃が痛くなるような思いをしました。ネイサンズの研究室に移って、自分で実際に最先端の研究室に入って研究をやり出すと、確かに、それは本当に想像以上に熾烈な競争の渦中に放り込まれた実感はありました。

アメリカの Ph. D. システム――ドクター・オブ・フィロソフィーの意味

当時の本場の Ph. D. システムはどんなものだったのか。特に、噂にきく地獄の Ph. D. defence（資格試験）についてお聞きしたかった。

大野　これもどうしてもお聞きしたいなと思っていたのです。アメリカの当時の Ph. D. のシステムと言いますか、どうやったら Ph. D. がとれたかということ。

志村　これは大学によってもやり方に多少違いがあったのではないかと思います。プリンストンやコロンビアのやり方とラトガースのやり方は多少違っていたように思いました。

私の場合は、授業の単位を三分の二ぐらいとったところで、スーパーバイザーのボーゲルから Qualifying examination を取るようにいわれました。資格試験ですよね。私一人のために八人のプロフェッサーが委員として選ばれたわけです。一つの分野じゃなくて、微生物遺伝学、生化学、微生物学、ウイルス学などの専門家もいたし、免疫学や土壌微生物学、発酵化学の専門家もいました。いろいろな人がいて、その八人の前によばれて口頭試問を受けるわけです。黒板が用意してあって、必要があれば黒板に書け、と。朝九時から始まって、終わったのが午後二時までの五時間でした。

最初に「これは単なる知識を聞くのではない。きみがドクター・オブ・フィロソフィーの資格があるかどうかを採点するのだ」と言われて、最初の質問は「きみは月に生物がいると思うか」。そのときはもうスプートニクが上がっていたものですから、イエスと答えてもノーと答えても、すぐに「なぜか」と来るに決まっているので、一瞬でどっちが言いやすいかと考えて、多分、そのときノーと答えたと思います。なぜかということを、私は水がないと思うからと大きなことを言ったけど、どうも最近になると水があるみたいなことがわかってきたから、今だったら多分アウトですけど。「どんな形でも生物があるためには水が絶対にエッセンシャルであろう」ということを論点の中心にして、確か五分ぐらい論じたと思う。

それから、その八人がそれぞれの専門のことを矢継ぎ早に質問してくるわけです。そこで唯一言ってはならない禁句は、"I don't know." という言葉なんです。それを言ったらオシマイ。「こう思います」ということを言わなければいけない。私が受ける一週間前にアメリカ人が受けて落っこちていた。「もうヤバいな」と思って受けました。一つだけ、遺伝学の質問で答えが不十分なところを逆手にとられて質問されて、だんだん頭の中が混乱してわからなくなって、極めて不十分な答えしかできなかった。

最初は、私をガンガン突っ込んでおとしめようと思った委員の先生方でしたが、途中で私が混乱してきたのがわかって、今度は少しは救ってくれようとしたらしいんだけど、それでも頭が混乱しているところだから受け付けなくなってしまって、不十分な答えをしてしまった。それで、自分でもこれは駄目だと思ったぐらい自信がなかった。それはかなり減点されたらしいのですが、午前九時から午後二時まで、とにかく五時間連続の矢継ぎ早の質問で、最後にはTCAサイクルの構造式を全部書かせられたりしました。それでへとへとになって、「表に出ろ」と言われて、二〇分ほど協議が続いて、そして、おもむろにドアが開いて、"Congratulations!" と握手されたときは、これはね。

大野　五時間ですか。それは質問するほうも大変ですね。

志村　質問するほうも大変だと思う。やっぱりこれは双方にとって、ある種の真剣勝負ですね。向こうは大学の権威を守ろうとするし、変な馴れ合いで合格させたら、本人のためにならないということで、ものすごく厳しくて、私の前にアメリカの学生も二、三人落第しているくらいだったから。私は、一カ月間ぐらいものが喉を通らなくて、アイスクリームとバナナだけで暮らしていたから、完全に栄養失調になってしまった。

そのころは寮を出て、アメリカ人のおばあさんのうちに下宿していたんですが、そのおばあさんによると私の顔色が完全にグリーンだったそうです。そのおばあさんも働いていたんですが、私の試験が心配で三〇分ごとに研究室の知っている人に電話して、「どうだった」と聞いていたそうです。二時過ぎにたった今パスしたと聞いた途端、私もヘトヘトとなったんですが、そのおばあさんのほうも職場で倒れてしまって、大騒ぎになったそうです（笑）。ハンガリー系の人でね。私はストレスのため、かなり長期間食欲がなかったんですが、パスした途端に食欲が出てきて、その晩、下宿のおばあさんが、お祝いにハンガリー料理をつくってくれた。非常にうるうるっと来るような感じでしたね。

大野　さっき大学によって違うとおっしゃいましたが、たとえばプリンストンなんかでもシステムは違うにしても、おそらく同じぐらい厳しいものがあったのでしょうね。今はアメリカの大学もそんなことはやっていないでしょう。教授の立場から言うと、とてもやっていられない。

志村　今は、八人の先生が、五時間も一人の学生のために費やすなんていうことはしないでしょうね。

大野　でも、それがドクター・オブ・フィロソフィーということの意味なんですね。

日本分子生物学会の立ち上げについて

その後、志村先生はジョンズホプキンス大学医学部のネイサンズのところでのポスドクを経て帰国され、京都大学理学部の生物物理学教室に助教授として着任される。その後の華々しいご活躍については本インタビューの趣旨ではない。

大野　先生の大学院生時代からの話しをお聞きしてきました。帰国されてからの日本分子生物学会とのかかわりについて教えていただければと思います。

志村　私がアメリカから帰ってきたころの日本というのは、渡辺 格さんが分子生物学のリーダーで、若い人でファージをやるのは本当に二〇人程度だったのかな。富澤純一先生（第1章）もファージのパイオニアで、リーダーの一人だったけど、彼は紛争のときに非常に嫌な思いをされて、アメリカのＮＩＨに行ってしまったんですね。

分子生物学というのは、当時の日本の生化学の人たちからは、「ライセンスをもたない生化学」と言われて、差別とまではいかなくても、ちょっと見下されていた感じがしないでもないんですね。一人前に扱われなかった。渡辺 格さんが、「そういう状態で分子生物学をやっている人たちも、研究費がとれないと困るだろう」と頑張ってくれた。われわれは大変に格さんに厄介になったのだけれども、それで本当に二〇人くらいの人が集まって日本分子生物学会をつくりましょう、ということになった。

その前哨戦というか、伏線としては、八王子で渡辺 格さんと富澤さんが中心になって、山小屋みたいなコテージに全員泊まり込んで、正確な名前は忘れましたが、確か「分子生物学シンポジウム」という名前の会を毎年開いたのです。時には、大阪の千里にある武田薬品の研修センターでやったこともある。

だんだん人数が増えてきて、あるとき富澤さんが一人五分間の制限時間を設けた。あるとき、東大の溝淵 潔氏が、五分間の制限があるにもかかわらず三〇分も話したことがあった。二五分過ぎになって座長をしていた小川英行さんが困って「どうしましょう」と聞いたので、「やめさせなきゃ駄目ですよ」と言ったら、小声で「やめてください」と言ったのですが、一切、無視されたのです。仕方がないから、私が壇上に上がっていって、溝渕くんからマイクをもぎ取ったのです。ところが、彼は、マイクなしでしゃべり続けていた（笑）。そういう愉快な会でした。

そんなことが何年か続いて、やっぱり学会にしましょうということになって、第一回の大会は内田久雄さんが中心になり東京で開催し、第二回は関口睦夫さんが中心になって博多でやって、第三回は私が中心になって京都でやった。京都のときの演題申込数は全部で一八〇題。

大野　今はいくつぐらいですか。

福田（事務局）　今、分子生物学会単独で開催するとき演題数は四〇〇〇題ぐらいですね。

おわりに

大野　最後にお聞きします。先生は自分を何学者だと思っていらっしゃいますか。

志村　あえていえば、私は自分自身を遺伝学者だと思っていますね。だけど、遺伝学者は私のことを生化学者だという人もいるし、分子生物学者だという人もいます。

大野　私が先生の学生だったころは、先生はご自分のことを生化学者と考えられているのかなと思っていたんですが。

志村　多くの人は、特に遺伝学者はそう言っていましたね。しかし、私の発想の原点は遺伝学なんですよ。やっぱり木原先生との出会いが、私が研究者となるうえで決定的な大きな働きをしたと思います。そういう意味で、私の根っこは、遺伝学にあると自分では思っています。だけど、不思議なことに日本では、以前は、多くの遺伝学者が、そんな風に思ってくれなかったのです。現在はどうか知りませんが。

大野　本当の最後の最後に、今の若い研究者に何かメッセージがありましたらぜひお願いします。

志村　いい先生につくことですよね。それと、簡単に低いところで妥協しないで、目線を高く置くことです。それは絶対に必要なことでしょうね。

大野　わかりました。長い間、どうもありがとうございました。

5

吉川 寛

聞き手 菅澤 薫

吉川 寛先生は分子生物学の黎明期より、枯草菌や出芽酵母を材料としてDNA複製機構に関する先駆的な研究を展開され、また最近では国際的な枯草菌ゲノムプロジェクトの実現に多大な貢献をされました。大学の職を退かれた後、昆虫の本能を分子レベルで解明したいという少年時代の夢を実現すべく研究を続けておられるJT生命誌研究館に先生をお訪ねし、研究の道に入られた動機、研究に対する考え方や人々との関わり、昨今の社会情勢に対するご意見などをうかがいました。

吉川　寛（よしかわ　ひろし）　理学博士（東京大学、一九六一年）

大阪大学名誉教授、奈良先端科学技術大学院大学名誉教授
一九三三年九月二六日、神戸市に生まれる
一九五六年　東京大学理学部化学科　卒業
一九六一年　東京大学大学院理学系研究科博士課程　修了
一九六一年　イリノイ大学　博士研究員
一九六二年　プリンストン大学　博士研究員
一九六四年　カリフォルニア大学バークレー校宇宙科学研究所　助教授
一九六九年　金沢大学がん研究所　教授
一九八六年　大阪大学医学部　教授
一九九三年　奈良先端科学技術大学院大学バイオサイエンス研究科　教授
二〇〇一年　ＪＴ生命誌研究館　常勤顧問
日本分子生物学会：会長（第8期）、第4回年会長（一九八一年）、評議員（第1、3、4、6、8、10、11期）

昆虫の本能に対する興味と生化学への憧れ

菅澤　吉川先生は子どものころから生き物がお好きで、特に昆虫の本能に興味をもっておられたとうかがいましたが。

吉川　そうですね。それは初めからではないですけど、中学生まではファーブル流の観察や飼育実験にあこがれ、昆虫学者になることを夢見ていました。高校の博物クラブでは、ファーブルの昆虫学が数学、化学（染料の精製）、植物学などに裏打ちされた広くて深い博物学であることを知りました。その中で見えてきたのが昆虫の本能というものの不思議さで、こういったわれわれの目に見えないようなものが実際にサイエンスになった、というのがおもしろいなと思ったんですね。それがずっと私の研究の原点になっているかなと思います。

菅澤　昆虫の本能や行動という、言ってみればマクロな世界へのご興味から始まって、でもそれが何か「物質」と関係があるのではないかと考えて生化学を勉強されたというのは大変興味深いです。

吉川　自分の進路を決める前にもっと多くのことを学ぶことができると思い東大の理科Ⅱ類に進んだのですが、その教養の生物のゼミナール（佐藤教授）で Ernest Baldwin の「比較生化学 Introduction to Comparative Biochemistry、第三版（一九四八）」という本に出会いました。彼が最初に言っていることは、生き物の分類なんですよね。生き物は海に住んでいるもの、水に住んでいるもの、陸に住んでいるものの三種類だ。そういうところから始まって、たとえば体の中の代謝系とか、あるいは浸透圧の問題が、物理化学的なもの、生化学的なものにきちんと還元できるということをこの本では書いている。生化学のおもしろさ、特に古典的な生物学である分類、進化、形態を解くことができる新しい化学で、もしかすると本能の理解にもつながるのではないかと感じたのです。これはやっぱりすごく刺激になりましたね。

菅澤　その当時は生物の分類とか進化ということと、DNAはまだ直接は結びついていなかったのですね。

吉川　この時代はむしろ、われわれにとってDNAはかなり遠い存在だったんですよ。私たちが学生のころは日本のサイエンス、特に遺伝学はソ連の遺伝学の影響を非常に強く受けていて、あのころわれわれが金科玉条にしていたのは、エンゲルスの言う「生命はタンパク質の存在様式である」という言葉なんですね。やはり当時の日本は欧米の科学からだいぶ取り残されていましたから、エンゲルスの時代に科学者がDNAを信じなくて、タンパク質にすべてを期待していたというのとあまり違わない状況がありました。

素直に見るとこんなふうに、生化学というものに少しあこがれを抱いたなと思いますね。もっとも、そのころは生化学科というのはなかった時代ですから。

菅澤　化学科だったのですね。

吉川　はい。それで進学する道としては医学部しかなかったんですよね。ただ、医学部で基礎の生化学をするというのは時間がかかるし、やっぱり無駄な勉強もしなくてはいけないというので、先輩にアドバイスを受けて、それなら化学に行くべきだ、と。ちょうど私たちが卒業するころに生化学という学科もできましたから、ちょうどいい時期に行ったのではないかと思いますね。

研究観を培った人々との出会いと分子生物学会との関わり

菅澤　ところで、大学に入られて実際に研究者として身を立てようと決意されたきっかけは、どのようなものだったのでしょうか。

吉川　実は、研究者になることは中学生のころ、京大の鱗翅目学会に遊びに行ったころから決めていたんですよ。大学四年の時に父が脳溢血で倒れ、一時就職を考えましたが、幸い回復して私が大学院に進学し所期の目的を貫徹することを支えてくれました。そのころは生化学で就職することは不可能でしたから、その他のことはまったく考えていなかったのが実情でしてね。むしろ私にとっては研究の道に進むかどうかではなく、どのような研究者になるかが課題だったと思います。

菅澤　学生運動にも関わっていらしたということですが、社会における研究者のあり方みたいなところとその辺は関係していたのでしょうか。

吉川　はい。当時の日本は戦後の混乱期から新しい時代へ脱皮する変革の時期で、社会は矛盾に満ちあふれていましたから。学生のころはやっぱり頭でっかちでしたからね、自分たちの発言によって、あるいは活動によって、社会が変えられるぐらいの気持ちでいたんですよね。ですから、そのためには少なくとも大学の中で、あるいは研究室の中で、民主的な教室運営をしなければいけないと。

化学科のクラスメート、とりわけ親友の松原謙一君（第6章）、生化学教室の助手亀山忠典、近藤洋一さん、大学院での指導者、野村真康、三井宏美さん、院生の西村　暹、大石道夫さんらとの日常的な会話や論争、生化学若手の会創設などの活動が社会の一員としての自覚をもった研究者という私の原点とバックボーンをつくってくれました。そんな中で、大学院四年のときに起こった六〇年安保闘争は象徴的な出来事でしょう。民主化運動の挫折を味わうとともに、まずアメリカに渡って研究の真髄を求めよう、日本を外から眺めようという決意を固めさせました。

菅澤　アメリカでの研究生活は九年にわたったそうですが、先生のその後の研究人生にとってどのような影響がありましたか。

吉川　アメリカで初めて研究室をもったばかりの若い日本人研究者末岡　登助教授の最初のポスドクになり、新しい研究とラボを立ち上げる苦労をともにできたことは一生の宝になりました。末岡さんは私とはまったく異質な分子進化の理論生物学者で、自分で実験することはほとんどなく、実験データの分析、モデル化、モデルの検証にすぐれた論理性を発揮するよき指導者でした。彼の論理性と数理解析がなければ、私の直観的なアイデアと苦心の実験データは報われなかったでしょう。

ただ、結構苦労させられたんですよ。末岡さんは本当に学問にのめり込む人ですから、実際の実験室の中で学生が何をしているかとか、研究費がどれぐらいかとか、ちっとも考えない人なんです。実験室の運営はほとんど私にまかされていたのですが、ラボの引っ越しのときなんかほーんとにしんどかったですよ（笑）。

菅澤　当時としては、世界的にも分子生物学は始まったばかりで、すごくエキサイティングだったのですよね。

吉川　ええ、非常にエキサイティングでしたね。特に、私がたまたま接した人たちは新しい研究の担い手でもあるし、ある意味で非常にアグレッシブな人たちでした。イリノイでは隣の講座のシュピーゲルマン（S. Spiegelman）とそのグループの研究者がいろいろ助けてくれましたし、プリンストンではパーディー（A. Pardee）、ジュークス（T. Jukes）らとの毎週の合同勉強会で鍛えられました。その後バークレーの研究所に助教授として移りましたが、そこではスタンフォードのコーンバーグ（A. Kornberg）と親しくなりました。彼から研究室とデパートメントの経営について詳しく教わりましたが、小さなグループで大きな研究をというモットーと、研究室の壁のないデパートメント作りの実践には目を見張りました。このことは、後に奈良先端科学技術大学院大学を創設する際、講座の壁のない研究科作りに生かせたと思います。私が提案した、研究科の院生の教育と就職は全教官が等しく責任をもつ、中央経費を困っている講座に使う、年一回全教授が一泊二日の合宿勉強会をする、の大原則は今でも続いていると聞いています。

その一方で六〇年の末のことですが、バークレーでも学生運動の洗礼を受けました。大学教官の一員として学生から激しい追及を受けました。しかし最も衝撃的だったのは学生に同情的に傾いた大学を弾圧するため、州兵が戦車を市街に繰り出し、ヘリでキャンパスに催涙弾をまき、最後は民家の屋根に追い詰めた活動家を射殺するといった暴挙を目撃したことです。リベラリストであった当時の学長はレーガン州知事によって罷免され、運動は完敗で終わりました。アメリカはベトナム戦の泥沼に入っていったのです。私は改めて研究者と市民の両輪に等しく責任をもつことの重みを自覚して六九年に帰国しました。

菅澤　その時は金沢に戻って来られたのですね。

吉川　そうです。金沢大学のがん研究所に、ちょうどそのころ新しい部門ができたものですから、それもかなり偶然なんですけどね。

菅澤　分子生物学会が設立されたのは七八年ですので、その十年近く後ということになります。先生と学会の関わりというのはどのようなものでしたでしょうか。

吉川　一九七〇年代前半、組換えDNA技術が生まれて分子生物学の第二期が世界で華々しく展開しているときに、日本では学界に存在すら認められない少数派でした。年に一回開かれる分子生物シンポジウムでの重要な話題は、外国からの最新情報の交換でした。研究費もない、研究者も育たないという危機感から学会設立の運動を始めました。学術会議、経済界、政府、マスコミに対するアピールの手段としての学会設立だったのです。

当時分子生物学に理解を示し、研究費の支援をしてくれたのはがん特別研究で潤っていたがん研究グループでしたが、生化学とは冷たい関係でした。その経緯はそのまま持ちこされて、DNA-ゲノムは分子生物、タンパク質は生化学というおかしな研究費の住み分けが生じているのです。生化学会との関係を修復するために、私が会長就任中に北海道で合同の年会を開催することができました。ライフサイエンスが社会的に重要な役割を果たしている今日、会員が重複している二つの学会の存在意義を改めて考える時期が来ていると思います。

菅澤　ところで、先生は「分子生物虫の会」というのを主宰しておられたのですね。

吉川　大澤省三さんと二人の発案で、私が年会長を務めた第四回（八一年）の金沢の年会で「分子生物虫の会」を始めました。大腸菌とヒーラ細胞ばかりの分子生物学会に生き物感を与えることが目的だったのですが、毎回十数人の虫屋と虫屋好きが集まって盛況でした。志村令郎さん（第4章）なんか後者の典型で「虫屋というおかしな人間を見てみたい」と言ってよく来られていましたけれど。その他にも、分子には興味はないが虫はおもしろいという発生生物学の岡田節人さんや蝶の専門家の白水　隆さん、がんの杉村　隆さんなどに参加していただいて個人的には学会発表よりも重要な意味をもっていました。その後、分子生物学が生物学医学へと広がるにつれて生き物があふれるようになり、最後は本当に「虫の会」ができてしまったんですよ。僕らの最初の「虫の会」の虫は蟲の字だったんですが、線虫の「虫の会」というのができたものだから、そろそろそちらに譲ろうかということで自然解散しました。

独自のDNA複製研究の展開

菅澤　先生が研究材料として枯草菌に注目された理由は何だったのでしょうか。

吉川　それはね、私にとっては非常に偶然。大学院で最初に与えられた研究テーマが枯草菌のアミラーゼ合成だったからですが、研究室にとっては必然的なテーマだったのです。α-アミラーゼを生合成できる系としては枯草菌が非常に優れたシステムでしたから。

スタートはバクテリア（細菌）の成長の停止期に起こる菌細胞の自己融解現象という農学部的なテーマでしたが、間もなく研究室全体のテーマであるタンパク質合成のミステリアスで先端的なテーマの一部に組込まれ、そのおもしろさにのめりこみました。α-アミラーゼは恩師の赤堀四郎先生のテーマであり、タンパク質合成は新進気鋭の助手、野村（枯草菌）、三井（大腸菌）さんの挑戦的な課題でした。

菅澤　分子生物学の歴史の中で大腸菌が中心的な研究材料として使われてきたのは事実だと思いますが、それとたまたま似ているけれど明らかに違うものを研究対象にされたということは、ある意味ですごくラッキーだったということですよね。

吉川　そうですね。もともとバクテリアの遺伝学では、大腸菌のように接合的に遺伝子を交換するタイプと、枯草菌のようにDNAを直接取込む、いわゆる形質転換という遺伝的な二つの方法論があったのですね。ところが、アメリカで接合型の大腸菌の研究が非常に進んだものだから、もう一方のタイプの研究が少数派になってしまった。でもそれぞれのメリットがあるはずなんです。遺伝子を定量的に使い、形質転換を化学反応的に考えるというのは枯草菌の系でしかありえなかったわけで、当時としてはやっぱり新しいパラダイムだったんじゃないかと思います。私たちが考えたDNA複製モデルでは、遺伝子を定量することが絶対に必要だったものですから、そういう意味では正しい選択でしたね。

菅澤　一方で枯草菌ならではのご苦労もあったわけですね。

吉川　アメリカでは形質転換技術の確立から変異株の作成まですべてを一人でしなければならない苦労はありましたが、枯草菌のDNA複製は新しい分野でしたから競争者の心配もなく楽しく進められました。大腸菌を意識したのは研究成果を学会で発表したときでした。一九六三年のコールドスプリングハーバーのシンポジウムで「染色体の逐次的複製」についてのわれわれの研究発表が、メセルソン（M. Meselson）らがわれわれより後に行った大腸菌の類似研究の後回しにされかけたのです。激しい抗議が受け入れられて発表順序を逆転させましたが、この事件が象徴するように、学界の枯草菌に対する差別的な扱いはその後も続きました。反面、枯草菌のグループは仲間意識が強く、大腸菌グループでよく見られる醜い競争に巻き込まれることがなかったのは幸いでしたね。

菅澤　大腸菌では技術的に当たり前に使われていることが、枯草菌でできなくて、困ったとかいうことはございましたか。

吉川　DNA複製の始まりと終わり、という全体像がわかったうえで、今度は複製開始点の構造をいかに明らかにするかとなったときに、組換えDNAタイプの研究では大腸菌に比べて枯草菌は技術的にも遅れていたし、研究者の数も少なかった。さらに不運なことに、これはたまたまなのですが、大腸菌のDNA複製というのは、バクテリア全体から見れば非常に特殊な系だったんですよ。つまり大腸菌の複製開始点は抑制的な制御機構を失っているために、自己複製するミニ染色体として容易にクローニングできたのに対して、枯草菌で同じような方法論では絶対にできなかった。結局、複製開始点あたりの構造を全部決めることによって、実は基本的な素因子は共通だということがわかったのですが、その数と位置の違いにより複製開始タンパク質との制御関係がまったく異なることが明らかになりました（図５・１）。

結果、私たちはこのバクテリアの複製開始点の構造と働きの、いわば進化をたどることができた（図５・２）。大腸菌との違いを常に意識することで、生命現象の普遍性と多様性を明らかにすることができたのは、私がこれまで行った研究の一番メインな成果ではないかなと思っています。

菅澤　複製開始点の制御をゲノムワイドに俯瞰するというのは、ある意味ゲノム科学を先取りするような当時としては大変ユニークで先見性のある視点であったと思うのですが、どのような経緯でそのような発想に至られたのでしょうか。

吉川　実はそれほどユニークでも、先見性があったわけでもないのです。当時（一九六〇年前後）の分子遺伝学の重大関心の一つは "What is DNA molecule?" ということでした。組織や細胞から分離したＤＮＡの大きさとして10^6ダルトン（約一万塩基対）が分子量だという説が有力でした。化学出身の私はこの課題に注目していたの

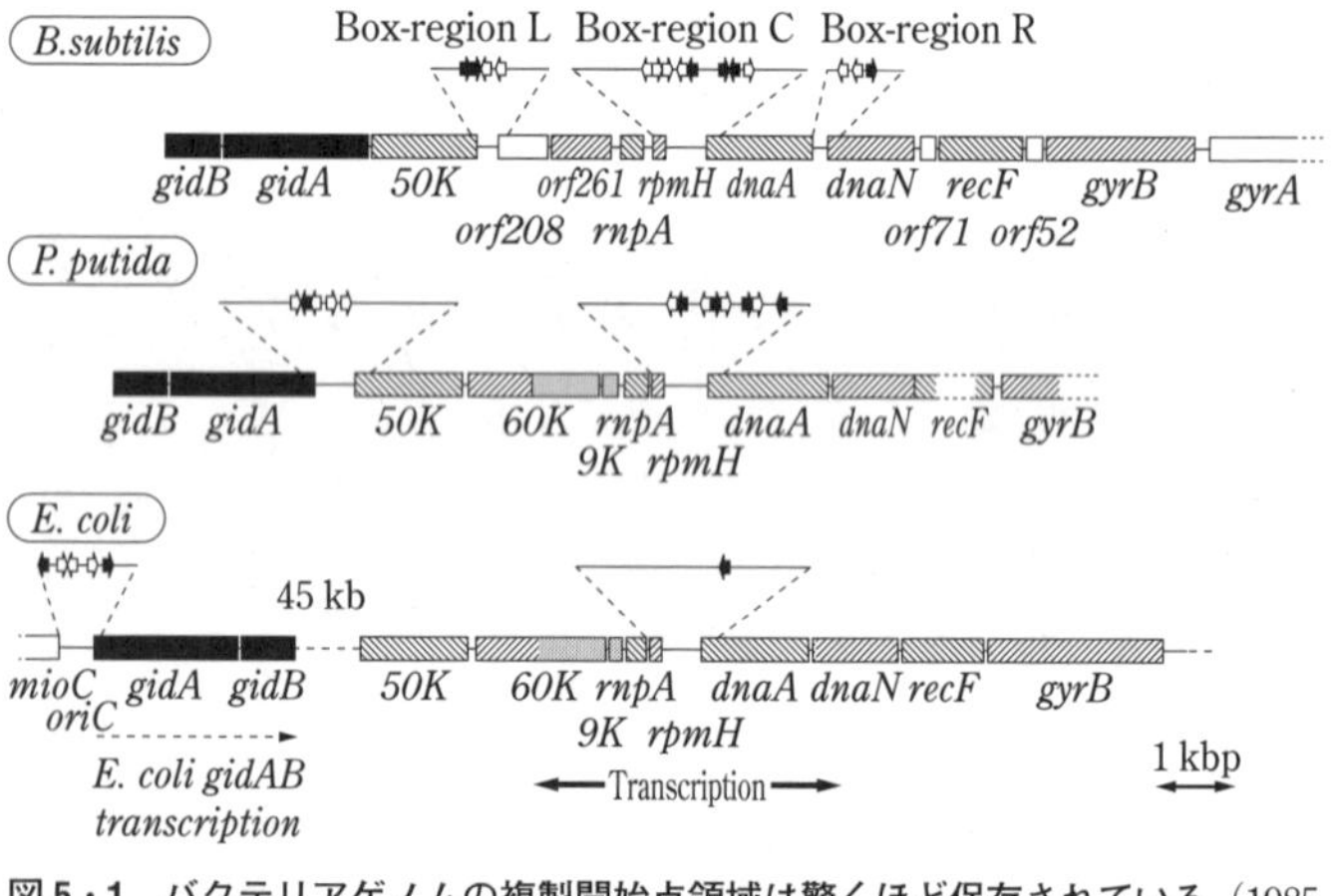

図５・１　バクテリアゲノムの複製開始点領域は驚くほど保存されている（1985年）*B. Subtilis*（枯草菌）と *P. putida*（緑膿菌）の塩基配列を決定し，*E. coli*（大腸菌）のデータと比較して解明した．大腸菌では *oriC*–*gidA*–*gidB* 領域が反転して 45 kb 離れた位置に転位している．

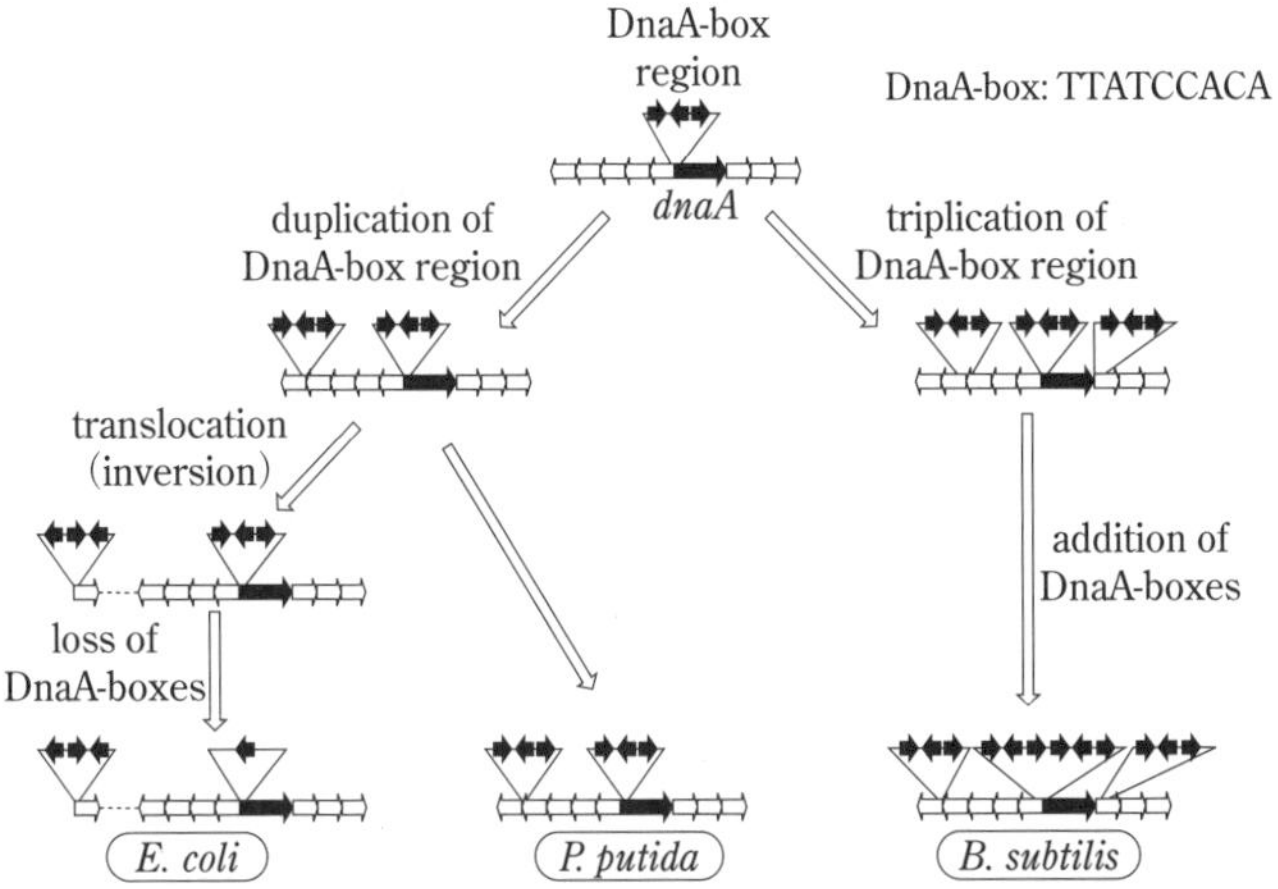

図 5・2　複製開始装置──開始タンパク質遺伝子 dnaA とその結合配列 DnaA-box の進化（1991 年）　遺伝子とその結合配列はすべてに共通だが，DnaA-box の数と相対位置は細胞に固有で，グラム陽性型，グラム陰性型，大腸菌型に大別できることがわかった．普遍性と多様性から進化のモデルを提唱した．

で、六一年のハーシー（A. Hershey）らによるT2ファージDNAが 130×10^6 ダルトンの巨大分子だという発見に目を見張りました。バクテリアのゲノムも一分子だろうというのはその延長上の発想です。同じ発想をしたオーストラリアのケアンズ（J. Cairns）はそれを証明するために分子全体を視る方法を選択しました。私たちが複製を証明の手段に選んだのは枯草菌の形質転換技術を手にしていたことによるユニークさと言えるでしょう。互いにまったく知らなかったのですが、偶然にもほとんど同時に発表されました。一分子の巨大ゲノム分子が特定の開始点から終点へと逐次的に複製されるとわかってからは、発想を逆転して、複製をはじめとするDNA機能をゲノムワイドの視点から解析するという実験デザイン（パラダイム）を貫きました。

菅澤　後の出芽酵母の複製開始点の研究もその延長上にあるということですね。

吉川　そう、バクテリアからの連続ですね。真核生物の複製の最大の課題は、なぜ一つの染色体に複数の開始点があるかということでした。真核生物の複製を研究するなら、その謎を解く以外に課題はないと、僕はそう思っていました。ですから、その時期をずっと待っていたんですよ。酵母のゲノムの解読がある程度進み、複製開始点の単離が可能になる、そのための方法論が整うのを。それを請け負った学生は大変だったけれども、真核細胞で複製の全体像を染色体を単位としてとらえるという方法は世界でも少ない発想であったと思います。ゲノムが教える、部分と全体、普遍と多様、は私の永遠のテーマです。

ゲノムプロジェクト、そして原点への回帰

菅澤　話題を枯草菌に戻して、ゲノムプロジェクトについてうかがいます。こちらの方も相当なご苦労が。

吉川　そうですね。国際プロジェクトのヨーロッパの代表格であるパスツール研究所のダンシャン（A. Danchin）はプロジェクトの詳細な記録の中で、「もしHiroshi Yoshikawaがいなければこのプロジェクトは存在しなかっただろう」と書いています。

一九九〇年に枯草菌国際会議がパリのパスツール研で開かれたとき、その会議の最後に突然欧州連合とアメリカでゲノムプロジェクトを計画していることが発表されました。寝耳に水の私は思わず立ち上がって「日本のグループを除外して国際プロジェクトと言えるのか」と激しく抗議しました。なにしろ当時最もゲノム的研究をしていたのは開始点付近の一万塩基対の構造と遺伝子のアノテーションを発表した私たちだったのですから。

菅澤　外国人の人たちは相当驚いたそうですね。

吉川　普段物静かでおとなしい日本人と思っていたらしいので。いや、ほんとにびっくりしたらしいですね。でも私は言いたいことを言う方ですから（笑）。急遽われわれを含めて検討を行い、数時間後に改めて欧、米、日によるプロジェクトの発足を決めたのです。ところがその直後にアメリカが資金提供を拒否（国際プロジェクトには政府資金は出さないという原則）、それを受けてヨーロッパ連合も援助を躊躇し始めたのです。結局日本の

特定研究費を獲得することに成功した私が単身ブリュッセルの本部に乗り込んで説得し、共同研究の完成を保証することでようやくスタートできました。はじめは端役にすぎなかった日本グループが先導的役割を果たして、五〇を超える研究グループによる国際協力プロジェクトを五年間で完成させました。まあ小さくて適当なサイズだったということもありますが、なにしろ初期で今のようなシークエンサーがあったわけではありませんから、時間がかかったのはやむをえませんが。

あとで聞いてみると、日本人との共同研究は難しく長続きしないというのが欧米での定説だったらしいですね。それは日本人がはっきりものを言わず、何を考えているかわからないというのが原因のようです。私が在米中に鍛えられたモノ言う精神が役に立ったようです。枯草菌プロジェクトは小さいながらも最も成功した国際プロジェクトだと賞賛され、その共同研究体制は機能解析をめぐって今でも健全に続いています。

菅澤　シークエンサーの話が出ましたが、近年の分子生物学の解析技術の進歩には目を見張るものがあります。先生が今から研究の世界に入るとして、この技術を使ってこんな研究をぜひやってみたいと思われることをお聞かせ下さい。

吉川　実はね、本当にそういうことを考えたのは一〇年前です。二〇〇一年大学を退職したとき、少年時代の夢を実現したいと希望して、JT生命誌研究館でゲノム情報と技術を使って新しい研究を始めました。それはファーブルが記載した昆虫のさまざまな本能の中でも比較的単純な、チョウ(蝶)の食草選択、母チョウが幼虫の食草を選んで産卵するという本能行動の研究です。

菅澤　最初の原点に戻られたわけですね。

吉川　元に戻ったんです。雌チョウは食草の葉の表面を前脚で叩き、傷つけた葉の表面に滲出する化合物を識別して産卵行動に移ることが知られ、前脚の裏側には神経細胞をもつ感覚毛があること、アゲハではミカンの葉に含まれる数種類の化合物が誘導物質として同定されていました。二〇〇〇年にショウジョウバエのゲノムが解読

図 5・3　アゲハチョウの母性本能　雌チョウは食草（ミカン科植物，サンショウ）を選択して産卵する．前足で葉の表面を叩き，滲出する化合物を認識する．産卵誘導物質の一種，シネフリンの受容体（GPCR）が認識と神経伝達に関わっていることを証明した（2010 年）．

され、それぞれ六〇種を超える味覚と嗅覚の受容体が同定されたとき、この情報を使えばアゲハの産卵誘導に関わる受容体遺伝子を発見し、食草選択の分子機構解明の糸口が開けると考えたのです（図５・３）。

予想に反し受容体のようなパラログ遺伝子の探索には苦労しましたが、九年たってようやくアゲハからシネフリンをリガンドとする受容体を同定し、その遺伝子の二本鎖ＲＮＡによって感覚毛のシネフリンに対する電気刺激応答を阻害し、二本鎖ＲＮＡを注入した雌チョウがシネフリンによる産卵誘導を特異的に抑制されることを証明することに成功しました。

この例のように、モデル生物ではない生き物でもゲノム情報と技術をうまく使えば、複雑な現象や機能を遺伝子レベルで解析することが現実になりました。これはほんの入り口ですが、本能の分子生物学はこれからの重要なテーマになり、脳神経機能の進化や学習などもっと高次な機能の理解につながっていくと期待できます。ミツバチの8の字ダンスのDNA研究などはおもしろいなと思います。

菅澤　少年時代の虫の本能に対するご興味から生化学を勉強されて、そして今、分子生物学の手法を使って実際にそれを研究されているのは素晴らしいですね。一方、DNA複製のように根源的な生命現象に関わる基礎研究が以前よりやりにくい状況にあるように感じるのですが、最近の国内の研究環境に関してどのように思われますか。

吉川　一九七〇年代にDNAテクノロジーが開発され、生物学や遺伝学が産業や医療に役に立つことがわかってから基礎研究の位置づけはそれほど変わっているとは思えません。元来学術研究は人間本来の知的な活動で、それが生産する知識によって自然の認識を深化し人間性を豊かにすることに価値があったのです。基礎研究と応用研究の距離が近づいたために応用のための基礎という新しい価値観が生まれてしまったのです。

最近特に厳しいと感じるのは技術開発の速度が速く、基礎研究にも高額の費用がかかるようになったからでしょう。科学研究が国民の税金で支えられている限り、効率的な運用を求められ、国家の政策に支配されるのもやむをえないことでしょう。問題はそのような環境、価値観の変化に進んで順応する科学者の側にあるのでしょう。現実を正しく認識したうえで、本当に人間のために必要な科学は何かというビジョンをもたなければなりません。欧米でも科学研究に占める国家予算は日本と変わらないかそれ以上でしょう。しかし、企業や個人の寄付による研究費が自由度の高い研究を支えていることは羨ましいことです。大学人が経営者になり、研究者が研究費獲得のためのビジネスマンになってはならないでしょう。大学人は自分たちが本当に目指す教育は何か、研究者はどんな研究をしたいのかを訴え続けなければならないでしょう。政治家に仕分けされたからといって反発するのではなく、研究者自ら研究費を仕分ける活動を起こすべきです。

菅澤　最後に、研究に興味はあるけれども、将来が不安で博士課程に進むのはちょっと、という学生が増えていますが、彼らに一言お願いします。

吉川　今の社会に将来の生活に不安をもたないものはないでしょう。しかし博士課程進学を研究者への道と限定した場合、将来の不安は自分の科学者としての能力に対する不安と捉えるべきでしょう。日本の多くの大学院では博士課程進学の垣根が低すぎるから、能力に対する不安を取除く機会が与えられていないのです。もっと強力なふるいをかければ、少数でも安心して博士課程に進学する学生を選別できるのではないでしょうか。現状は学生よりも大学院教育をする側にも問題があるのではないかと思います。興味があることとプロになることの違いをはっきり教えるべきです。

菅澤　本日は大変貴重なお話をありがとうございました。

6

松原謙一

聞き手　藤山秋佐夫
同席委員　菅澤　薫
同席者　蔦田多恵子

松原謙一博士は日本のプラスミド研究の第一人者で、その後遺伝子組換え技術によるB型肝炎ワクチン開発など医学における分子生物学の発展に貢献した。大阪大学教授、国際高等研究所副所長、奈良先端科学技術大学院大学教授などを歴任。組換え実験ガイドライン策定、分子生物学会の立ち上げ、ヒトゲノムプロジェクトの主導など、日本の分子生物学の発展にも尽力した。日本の分子生物学を牽引し、多様な分野で業績を上げてきた先生のお話を、神奈川県のDNAチップ研究所にてうかがった。

松原謙一（まつばら　けんいち）　理学博士（東京大学、一九六一年）

大阪大学名誉教授

一九三四年二月二日　東京に生まれる
一九五六年　東京大学理学部化学科　卒業
一九六一年　東京大学大学院化学系研究科博士課程　修了
一九六一年　金沢大学医学部　助手
一九六四年　九州大学医学部　助手
一九六四年　ハーバード大学生物学教室
一九六七年　スタンフォード大学医学部生化学教室
一九六八年　九州大学医学部　助教授
一九七五年　大阪大学医学部　教授
一九七八年　大阪大学医学部附属分子遺伝学研究施設　施設長
一九八二年　大阪大学細胞工学センター　教授
一九八七年　同 センター長
一九九八年　奈良先端科学技術大学院大学バイオサイエンス研究科　教授
一九九八年　（財）国際高等研究所　副所長
一九九九年　（株）ＤＮＡチップ研究所　代表取締役社長

日本分子生物学会：会長（第９期）、第７回年会長（一九八四年）、評議員（第１、２、４、５、７、９、10、11期）

東大理学部化学科の渡辺 格先生に学び、蛋白質研究所・野村眞康先生のもとで流動研究員に
――BD（Before DNA）時代

藤山　先生は化学科からなぜ分子生物学へ。

松原　もともと生物をやるために化学科へ行ったの。江上不二夫先生、渡辺 格さん、赤堀四郎先生、水島三一郎先生がいたおもしろい時代でしたね。そのころの東大の生物学科は田宮 博先生、服部静夫先生、柴田桂太先生とかいい先生がいましたけど、生物学科じゃ就職なんかないと先輩に言われて。

藤山　何年ごろですか。

松原　一九五六年～六〇年かな。渡辺 格さんのところでファージをやって、生き物をモノとして分析できるようになったのはよかったね。一年上には三浦謹一郎さんがいて、二年後に中村桂子さんが来た。格さん（渡辺 格先生の愛称）は生物物理のはしりで、電気泳動と超遠心分離機と分子拡散が売りだったから、ファージをやる培養槽も遠心機も何もなくて、都内のあらゆるところを借りまくってやったね。格さんの周りには、分子生物学を日本に根付かせなければという戦闘的な志士みたいな人たちが五、六人集まっていたよ。

藤山　一九六一年に、蛋白研で流動研究員に。

松原　三カ月間ね。野村さんは、ブレンナー（S. Brenner）のmRNAのセオリー（セントラルドグマ）が出たとき、「もう少し考えていたら自分が思いついたはず」って悔しがっていた。意気込みのある時代だったよね。

金沢大・高木康敬先生のもとでファージ講習会を企画：ハーバード大・メセルソンのもとへ

藤山　分子生物学という学問分野はまだ認知されていない時代ですよね。

松原　分子生物学と生化学の区別がなかった。典型的なのが、東大に新しく生物化学科をつくるとき、格さんが分子生物学教室をつくると言ったら、「要らん。俺たちが分子生物学だ」ってみんな言ったわけ。彼は頭にきて、

京大に出たんです。僕は格さんのおかげで、分子生物学は遺伝情報をやらなくては、とよくわかっていた。高木先生はDNA合成が専門で、アメリカから帰ったばかりのバリバリでした。

藤山　そこでファージ講習会を企画されたのですね。

松原　その夏にね。あれはすごくよかった。アメリカでファージ講習会が分子生物学の基礎をつくったということで、「日本でもやろう」って思いついた。

藤山　思いつかれたきっかけは。

松原　格さんに、アメリカのコールドスプリングハーバーには若い人が集まって、学ぶと同時に元気よく議論し合って、素晴らしい人材が育ってくると聞かされていたから。でなきゃ助手レベルでそんな大それたこと思わないですよ。だけどお金も道具も何もない。「手弁当で来るならどうぞ。」と高木先生が全国によびかけただけ。応募は三倍ぐらいきて、大石道夫君とか小川智子さん（第7章）とかいろいろな人がいたね。

先生は、誰が考えても、分子生物のパイオニア、富澤純一さん（第1章）。駄目もとで富澤さんに聞いたら、「やるよ」って。それで彼がテキストも実習のプロトコルも全部作って、小川智子さんに一通り実験させて、金沢に乗り込んできた。当時アメリカから帰ってきた分子生物学の一流どころ、斎藤日向、小関治男、内田久雄さん達が毎日交代で講義に来て、みんなとだべったり議論した。みんな分子生物学の神髄を伝えようと、それは元気でしたよ。午前中は講義とディスカッション、午後は実習。だけど裏方は毎日夜中まで汗みずくになって、シャーレを洗って、滅菌して、培地をこしらえて、翌日に間に合わせる。もう大変だった。

藤山　六一、六二年ですね。

松原　その後は、広田幸敬さんが阪大微研で引受けてくれた。ああいう「日本のために何かやろう」という気持ちを植え付けたのは格さんね。それが後を引いたのかな、その後もいろいろ……。

藤山　そのファージ講習会の最大の成果は。

松原　渡辺、富澤といった日本の分子生物学の神々が高天原から降りてきて民草が育った。外国から帰ってきた人たちとのギャップを縮められたんじゃないかな。そして、最先端の分子生物学につき進もうという若い人々が大勢育った。

藤山　その後は三年間ハーバード大学へ行かれましたね。留学先を選ばれた理由は。

松原　DNA複製がやりたくて。ワトソン（J. D. Watson）、メセルソン（M. Meselson）、ギルバート（W. Gilbert）がいて、いいところでしたよ。メセルソンは三〇歳ぐらいでハーバードの教授になったすごく頭の切れる男で、おもしろいと思った。でも、行った途端からメセルソンは離婚騒ぎが大変で、ほとんどサイエンスに興味がなくなってた。

藤山　では、ハーバードでは何を。

松原　勝手なことをやってました（笑）。ファージを集めたり。組換え酵素を探したり。ただ、彼の講義は素晴らしかった。講義のために毎日大量に本を読んでいたもの。

藤山　講義と言えば、私が初めて先生のセミナーを聞いたのは大学院時代ですが、先生の講演や講義は人気がありましたね。

松原　組換え実験が出てきたころでしょう。組換え実験はプラスミドを使う。僕はプラスミド研究では世界中の誰にも負けない自信があったから、かなりいい調子で話したんじゃないかな。それと、サイエンスの一番新しいところを、「なぜそれが出てきて、どんな影響があって、今後どう展開するか」をしゃべろうとしていた。あのころ「プラスミド」（講談社サイエンティフィク）という薄い本を書いたら、よく売れた。本屋さんは「どうしてこんなチンプンカンプンな本が売れるのか」と言っていたけど。

藤山　中国で海賊版が出ましたよね。

松原　「お前の本を中国語にした」といって一冊送ってきた。

スタンフォード・カイザーのラボへ：制限酵素の発見、組換え実験の勃興、DNAシークエンシング技術の台頭――AD（After DNA）時代

松原　当時はアメリカも分子生物学が確立した時代で、どんな人間がどこで何をして、お互いにどんな関係か、ハーバードにいたおかげで随分よく体験できた。みんながコンペティティブだけどずるくなくて、新しい発見はすぐに電話で伝わる。それで人の成果は盗まないし、「俺はその先をやるぞ」と。人と会えば必ず情報交換やディスカッション。その習慣がついたのは勉強よりもよかったね。サンガー（F. Sanger）とギルバートは別々にシークエンシング（塩基配列決定法）を開発したけど、富澤さんはギルバートに習いに行っていた。

藤山　あのころ、ギルバートのプロトコルはあちこちに出回っていたけど、論文は三年ぐらい後でしたね（一九七七年）。松原先生が「あの技術の基となった化学は実は日本産だ。なぜ日本でできなかったのか」と言われたのが印象的でした。

松原　大事だと思うケミストがいなかったんだろうね。あれはバイオロジストじゃ絶対にできないよ。DNAが電子顕微鏡で見えれば大喜び。その暗号を読もうなんて、もう一つ先の知的好奇心がないと。ワトソンだって自伝で「DNAシークエンスが自分の一生の間に読めるなんて思いもしなかった」と書いている。

藤山　それからスタンフォードに移られたのですね。

松原　どうせファージならT系の大型ファージより、遺伝学と分子生物が両方できるλファージだと思ってね。少し前に、スイスのアーバー（W. Arber）が制限酵素を発見した（一九六八年）。だけど感染性の異物を壊す程度で、切る配列もいいかげんな酵素だった。

藤山　七〇年代には、短いRNAは読めるようになりましたね。

松原　何とか。だけど、DNAが先に行くとは思わなかった。僕はスタンフォードにいたのは一年だけだったけど、非常におもしろいところで、プロフェッサーが七、八人もいるDepartment of Biochemistryが全部DNA。

コーンバーグ（A. Kornberg）とスタンフォード大学両方の力が響きあって、DNA研究では超超一流だった。

藤山　すると、そろそろ組換えDNAの時代に入って、DNA自体が研究対象になってきた。

松原　そう、DNAのシークエンシングができて。そのスタンフォードで、僕はラッキーなことにλdvプラスミドを見つけた。感染したλファージが大腸菌内で自己複製するプラスミドになる。そうすると、その大腸菌はλファージの感染増殖に抵抗性になる。プラスミドを除去すると被感染性が戻る。抽出したプラスミドをトランスフェクトするとまた抵抗性になる。その小さなDNAには三つしか遺伝子がなくて、プラスミドの増殖制御の疑問がスイスイ解決できたわけね。これで初めて増殖制御はオートレギュレーションのシステムだということが解明できた。それでおもしろかったから元気もよかった。

僕がいた間、隣の部のバーグ（P. Berg）はダルベッコ（R. Dulbecco、ソーク生物学研究所）のところでSV40をやっていた。ボイヤー（P. Boyer）、コーエン（S. Cohen）はそのころ*EcoR* Iを発見して、これはアーバーのと違って、ユニークな配列を切る。その配列を何とか調べることができた。その翌年かな、僕が九州大に移った高木先生のもとへ帰ってから、バーグのSV40と僕の置いて帰ったλdvのDNAを隣のデパートメントの*EcoR* Iで切って、僕がいたデパートメントのレーマン（R. Lehman）のDNAリガーゼで繋いだ、という報告が出た。これはスタンフォードでなければ絶対にできなかった。

これには僕は仰天した。増殖因子の研究者としてSV40がλdvに繋がった形で大腸菌で増えるだろうと思ったわけ。ならば、SV40じゃなくてインスリンの遺伝子を繋げば、大腸菌でインスリンができるだろう、とすぐに思った。で、高木先生もすぐ「やろう」。私達は金沢時代から、大腸菌の分子生物学がいくらおもしろくても、遺伝暗号だのmRNAだのと話しても、お医者さんにはおもしろくも何ともないわけ。病気に繋がらないから。それがこの組換え実験で解けてしまうと。でも、ボイヤーに「その*EcoR* Iをくれ」と手紙を書いたら断られた。「DNAを送ってきたら切ってやる」って（ボイヤーは一九七六年にGenentech社を創立した）。

藤山　そろそろそういう時代ですか。

松原　高木先生はその仕事をした本人のヤマモトという二世に頼んだら、彼はその遺伝子をもった菌をすぐ送ってくれました。そのころの *EcoR* I は全部うちがつくって、全国の欲しい人に配った。

藤山　私もいただいたかもしれません。当時の分子生物学者は自分の酵素は自分でとりましたね。

松原　当然。そんないきさつで、バクテリアじゃない生き物のＤＮＡが研究できる時代が来たんです。

アシロマ会議に参加．阪大教授に就任．分子生物学会の立ち上げ．Ｂ型肝炎ウイルス（ＨＢＶ）ワクチンの作製

松原　遺伝子をどんどんとるようになると、遺伝子組換えのガイドラインが必要になった。一九七五年のアシロマ会議は、世界中の分子生物のトップクラスを全部集めて、それを生かすも殺すもこの会議次第という、すごい気迫でしたよ。でも、みんないいアイデアがない。これにはブレンナーが「生物学的と物理的な封じ込めだ」と真っ向から答えて、一発でけりがついた。しかも「国際的標準は決めないで、各国でガイドラインを決めて実験をすることにしよう」としたのは日本人には思いつかないやり方だった。問題があれば後で言えばいい。とにかく動く。

藤山　日本を代表して行かれましたが、戻られてから日本では何が。

松原　幸い、格さんが大事だと心得ていてくれて、文部省（今の文部科学省）の学術研究助成課長を説得したの。それは格さんの偉大な仕事ですよ。それで日本もガイドラインを作り始めて、分子生物学者をはじめ大勢の人が参加して、僕も時間をとられた。一年半ぐらいもかかったかな。

藤山　すると、その前後に日本分子生物学会ができる（一九七八年）んですね。

松原　分子生物学会をつくるかという議論は、僕がオーガナイズすることになって。格さんは「フォーマルに

なってしまう」と消極的だったけど、流れには逆らえなかった。それに、学会をつくって科研費がとれると知ってしまったし。たしか一九七六年の暑い最中に大阪のニッセイ（日本生命）で会合をやって、七七年から始めようという話になった。だけど、今でも忘れられないのは、「この学会は何をやるか」という話で、いろいろ出たけど、僕は「DNA中心にしてやることだ」と言った。ところがこれに「DNAで生命が全部わかるなんてDNA中華思想だ。」と激怒した人がいて。あまりの迫力に格さんが怖じ気づいて、もう一年延ばそうって。格さんは「お前、中華丼にされちゃったな」って（笑）。でもよかったんじゃないかな。あまりスイスイできなかった。学会づくりは格さんと内田久雄さんが大変な努力をしたと思います。そのころ組換え実験が普及してきて、その人たちがみんな参加した。分子生物学会って非常に活発で、長らく、みんなが壇上に上がって興奮して議論するという感じだった。結局、DNAをやる人はみんな分子生物学会に吸収する格好になって急速に膨れあがった。

藤山　あとはやっぱり、クローニングとシークエンシングの技術が急速に広まって、その威力が目に見えた。

松原　ものすごかったね。真っ先に飛びついたのはお医者さんで、それぞれ自分の研究している病気の遺伝子がとりたいと。だから当時の研究室には外からどんどん右も左もわからないレイピープル（素人）が押しかけてきて、ガチャン、キャー（笑）。中にいた藤山君らは大変だったと思うよ。

藤山　おかげさまで（笑）。

松原　そのころ、予防衛生研究所の所長だった大谷　明先生が「組換え実験でB型肝炎ウイルスのワクチンがつくれないか」と来られたわけ。あれは当時は、何一〇リットルという患者の血液を使って、何十匹ものチンパンジーでテストしてつくるから、大変だった。僕は組換え実験で何でもできると思っていたし、HBVはλdvのレプリコンと同じくらいのサイズだから、二つ返事で引き受けた。それで、熊本の化学及血清療法研究所から血清が送られてきた。

藤山　幸い、プローブがすっとつくれましたね。それと、公費で日本最初のP3施設ができていたので。

松原　P3は、僕が組換ガイドラインの委員だったから、作ってくれたんですよ。ところが……。

藤山　結局、大腸菌ではできなかったんですよね。

松原　そう。何でもできるはずの大腸菌で、どうしてもできない。考えられる理由は、DNAが悪いか、大腸菌ではできないか。B型肝炎の血液は、当時は日赤の規制があって入手できなくて、規制よりも前に集められた茶色くグジュグジュになったものがあった。あれはDNAが悪い可能性が十分あった。

藤山　まずHBVクローニングにとりついた人は泣きながらで、最後のサンプルを使ってようやくコロニーハイブリダイゼーションでポツポツとシグナルが見えた。

松原　それでやっとクローニングして、シークエンシングして、大腸菌でワクチンにしようとしたけれど、てんとしてできなくて。だけど動物細胞に入れたら蛍光抗体で光ったの。じゃあ、大腸菌が悪い。だけど動物細胞はコンタミが怖いから、核のある酵母にしようと。幸い、阪大の東江昭夫先生が、酵母の発現用プラスミドもプロモーターもポイっとくださった。

藤山　それで案外早くできましたね。しかも電子顕微鏡でデーン粒子（患者血清中に見られるウイルス由来の構造）のような構造体が見えて。

松原　今でも僕は記念にその写真を持っているよ（図6・1）。あれは素晴らしい写真だものね。これはまったくのラッキーでしたよ。

藤山　とりあえずこれが、当時松原先生がおっしゃった、分子生物学が社会の役に立った最初の例ですね。

松原　僕は頼まれただけで「やるぞ」って思ったわけじゃないのにね。それでお医者さんが次々にヒトの遺伝子をとりたいと言ってきた。クローニングしたヒト遺伝子は結構多いと思いますよ。あんなのパテントをとっていたら、この会社（DNAチップ研究所）の運営なんかそのあがりでやれたのにね。

藤山　そのあとしばらく、メディカルなほうをおやりになりましたね。

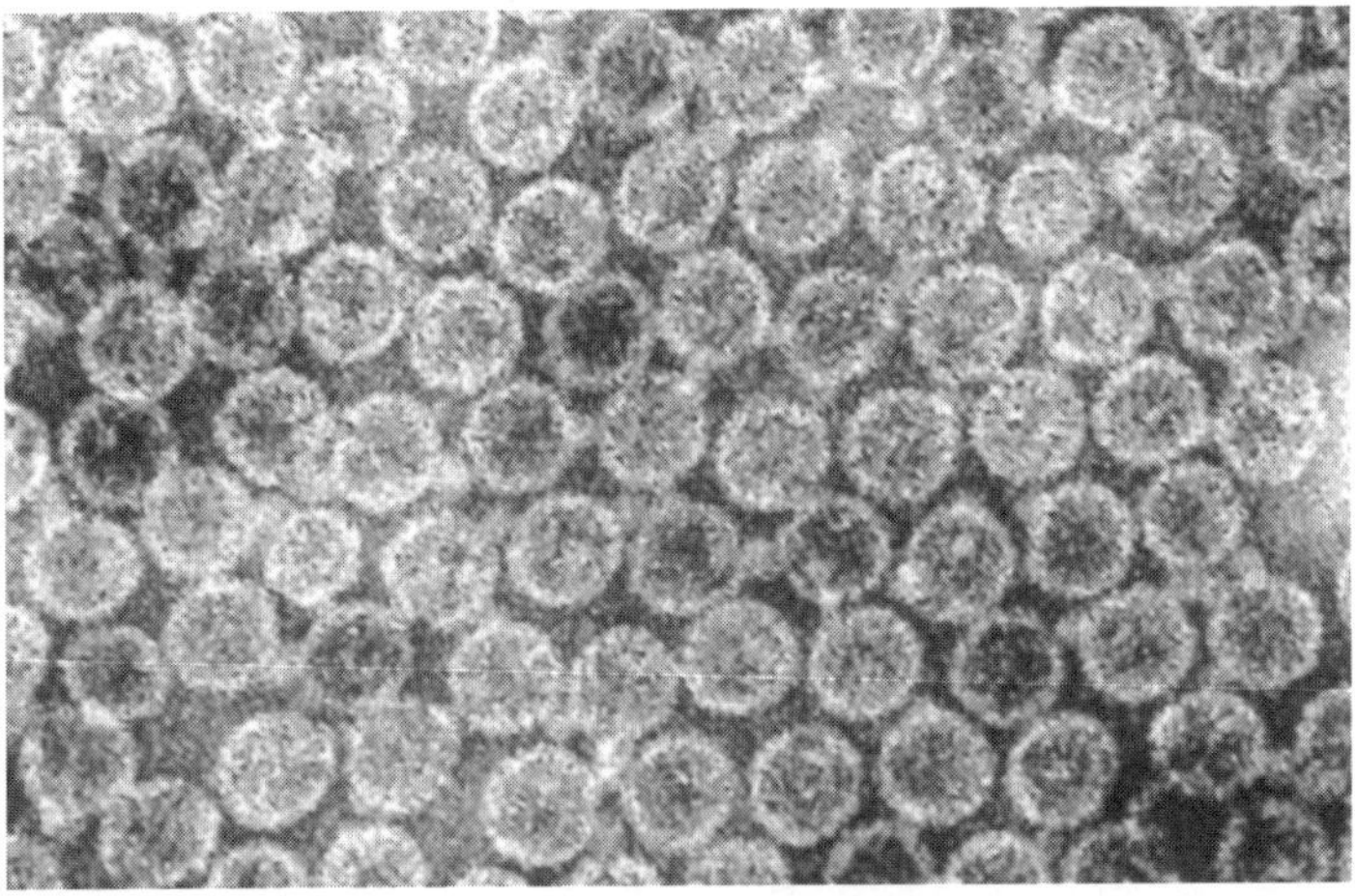

図6・1　B型肝炎ウイルスコア抗原　酵母中で遺伝子組換えによりつくられた．電子顕微鏡写真．

松原　そうでした。肝臓でHBVの増殖の研究ができたらウイルスが撲滅できるだろうと思ったこともあって。あれはちょっとうまくいって、勢いに乗って、C型肝炎も、と思ったころに、ヒトゲノムプロジェクトをやることになって、全部ほったらかしになった。

藤山　でもあのころはDNA配列がパテントになるなんて頭になかったんですね。

松原　そもそも大学でパテントをとるなんて考えもしなかった。僕が今でも惜しいのはアミラーゼ。お酒はカビと酵母の二段発酵でしょう。それがアミラーゼをもつ酵母一発でアルコールになる。あれは企業の人が「嗜好品はそんな新しい造り方じゃ売れない」って言って、僕もそう思ったけど、こんな広がり（バイオエタノール）が出るならね。まあ、それで組換え酵母の話は終わり。

日本のヒトゲノムプロジェクトの世話役に．情報生物学講習会を開催―AG（After Genome）時代へ

藤山　では一九八〇年代ですね。

松原　当時、肝炎の国際ワークショップの世話人をやっていた。コールドスプリングハーバーでそれを開いたと

きに、八五年だったかな、会場にワトソンがひょこひょこっとやってきて、「今度ヒトゲノムをやるけど、日本の世話をしてくれないか」と言ったんです。

藤山　なぜワトソンは先生に。

松原　ハーバード時代に彼を知っていたから。そのワークショップもやっていたし、彼は格さんの関係で日本に何回か来ていて、よく知っていた。それで引き受けた。やるべきだ、と思ったわけ。ワトソンはアメリカでプロジェクトを始めるために随分いろいろ根回しをしていたようだね。その後にスイスの国際会議で、正式に「ヒューマンゲノムオーガニゼーション（ＨＵＧＯ）をつくってやろう」となった（一九八八年）。日本は大変ですよ、それを審議して、受け止めてくれるところがない。科技庁、文部省、厚生省、考えられるところを全部説得して回って、結局文部省が最後に受取ったね。それで二億円。アメリカが三〇億ドル。それだけ国力に差があった。「研究を推進する研究」という研究費をつけてくれて、それだって当時画期的でしたよ。局長と課長が本当に大事だと思って一体になってやってくれた。

藤山　当時、日本にヒトゲノムの研究者はほぼゼロでしたよね。

松原　本当にね。ワトソンにブラックメールを送りつけられたりもしたな。「日本がやらないなら、データを見せない。ＨＵＧＯに金を出せ」とか。ただの脅しだったけど。でも、日本も準備を着々とやっていたんだから。「これはデータをつくる仕事だから、ゲノムの歴史もデータにしよう」って記録もとったよね。

藤山　そのうち会議の録音テープを学会に寄付してもいいですね。で、ゲノム時代ですね。

松原　そのころになって初めて生命研究は大規模科学になった。物理の人たちは何かと集まって大規模な研究をしていたのに、それまで生命はバラバラで、「生命にも何かプロジェクトがあれば」と思っていたのとヒトゲノムが、僕の中でちょうど結びついたわけね。でも、ゲノムが始まったあとは、金に味をしめてしまって、本当に必要な研究をみんなで協力してやるのとはおよそ違ってしまっている。今思うと、そんな雰囲気をヒトゲノムがつくってしまったのはまずかったね。だけどそうでもしないと日本は国際競争に遅れるし、悩ましいね。

それで、僕は「今度はヒトゲノムの情報を使いまくる生命研究、『情報生物学』が必要だ」と言って、奈良の国際高等研究所でまた講習会をやってしまった。当時、数少ない講習をやれる先生、五條堀 孝さんとか金久 實さんとかに無料で、って頼んだら、みんな「やる、やる」って。生徒はまたみんな自腹だったけど定員の二倍以上の応募があって。二年やったらさすがに他に講座や講習会ができてきた。でも、「情報生物学」って言葉は生存していないね。

藤山　バイオインフォマティクスになりましたね。

松原　なんで「インフォマティクス」かね。だから、バイオロジストでバイオインフォマティクスが使いこなせる人がいまだに少ないんですよ。情報生物学のトレーニングはどんどんしなきゃいけないのに。困るのは、次々と新しい記号だのプログラムだのが出てきて、その説明は数式入りですごく面倒に書いてある。システマチックに「こういうものは全部このカテゴリー」とか「これをこう使うとこんな効果がある」というところから入ればみんなもっとやるのに。僕は、そういう“Molecular Biology of the Cell”みたいなしっかりした情報生物学のテキストが必要だと思うな。

藤山　富澤先生が言われたのは、「入り口があって、実は途中はブラックボックスでも、出口さえクリアなら繋がる」と。

松原　僕もその流儀だ。自動車のメカなんか理解しないでもちゃんと運転できる。故障のときにどの辺が問題かさえわかればいい。

藤山　やることが増えて、一人で全部吸収するのは難しくなっていますし。出るデータ量もここのところ急速に増えていますね。

松原　生理学、代謝経路の研究をはじめとして、データがまだちゃんと集まっていないし、整理されていないよね。

藤山　今そういうデータを徹底的にとりきる趣旨の国際プロジェクトも出てきています。

松原　でも日本は、「やれるところはやります」という感じで、あんなじゃ、恩恵を受けるだけのかたちになるのかな。本当に大事なのはいくつかに絞って集中して、癌とかiPSとか、目的をもって組織化してやってほしいね。

藤山　それにはどうすれば。

松原　アメリカやイギリスのゲノムプロジェクトみたいに、プロジェクトはちゃんとワイズメン（賢人の集まり）で議論して、みんながコンセンサスをもって協力してやってほしい。みんなとまでいかなくても、リーダーシップのある人が、一〇年かけてやれば絶対にブレークスルーができるような何かを同志的な結合でやる、とか。

藤山　分子生物学会ができたころは、そういう集団だったと思います。翻って今、日本分子生物学会は会員が一万人を超えましたね。

松原　それだけ大勢が情報交換しに集まっているのね。それに新しい技術、コンセプト、マシンも見本市みたいに見られる。その中で、一〇人ぐらいで意気投合して何かアクティビティをつくれたらいいなと思います。たとえば、iPSに関して全部解析するプロジェクトを立ち上げよう、とか。お金を投入するのなら、別々ではなくて、みんなで気持ちを統合してやってほしい。それが新しい分子生物学の流れになるといいけど、今は頭を使うよりお金を取る、極端になると論文まで金で書かせたり……。でも、うちの企業のビジネスには論文を書くというのもあります。

若い研究者たちに向けて

藤山　先生は論文もクリアに書かれる文章家で有名ですが、心がけていることは。

松原　翻訳。翻訳は文章を練らせる。たとえば、ワトソンの教科書（Molecular Biology of the Gene）とアルバーツ（B. Alberts）の教科書（Molecular Biology of the Cell）を読むと、おもしろさはともかく、アルバーツのほうがはるかにレベルは上。不要なことを省いて誤解がなく、かつ、人をインスパイアする。そして全部アルバーツが手を入れて、視野が統一されてきた。最近の版にはアルバーツが目を通さない章が出てきたようだけど。

藤山　では、分子生物学を目指す若い人のために一言お願いします。

松原　僕はろくなことを言わないけど（本当にそうだ、という人もいます）、今の政府の科学研究政策は姿勢が定まっていない。若い人よりもそっちに言いたいね。国全体が金に走り回らずに、安心して研究できる環境をつくる科学政策を目指してほしいと思います。それと、本当に必要なことに臨機応変の手が打てる政策。アシロマ会議ができるのは、アメリカにそれだけの弾力があるから。ヒトゲノムに対して国際会議を招集して真剣に考えたのはイギリスとアメリカだけ。アメリカはＮＩＨ、イギリスはウエルカムトラストというすごい団体があって、ワイズメンを働かせられる。日本はそれがないままにここまで来てしまったね。

藤山　サイエンスポリシーメーカーの不在は、昔から言われていますね。

松原　それを痛感したのは神戸の震災ね。科学じゃないけれど「Contingency Program（危機対応）」がない。サイエンスやテクノロジーでも必ず組換えやゲノムのようにコンティンジェンシーが起きてくる。それに対応できる政策やシステム（あるいは発言出来る人たちの集まり）があるといいな。

それから、分子生物学者、特に若い人は、出口論に惑わされないほうがいい。いまものすごい影響を及ぼしている組換え実験技術や遺伝暗号解読は、出口を求めたんでも何でもない。ヒトゲノムのデータベースのほんの一部を使うだけでｉＰＳみたいに、何かが出てきそうじゃないですか。そこにははじめから出口は何だとか政治が口を出すと、まじめに研究するパワーを削ぎますよね。若い人の科研費提案の多くがベンチャーのビジネスプランみたいになっているのはなげかわしい。まあ、僕の場合は今ビジネスをやっていますから、ビジネスには出口が必要なんだけどね。

藤山　なるほど。ありがとうございました。

参考書：松原謙一、国際高等研究所「高等研選書16ゲノムの峠道」(二〇〇二)。

7

小川智子

聞き手　荒木弘之
同席委員　中尾光善

小川智子先生は共立薬科大学（現慶応義塾大学薬学部）をご卒業後、国立予防衛生研究所（現国立感染症研究所）において研究を始められた。国立予防衛生研究所では、λファージのDNA複製中間体の分離・観察を世界に先駆けて行われた。その後、大阪大学、国立遺伝学研究所で研究を続けられ、相同組換えの鍵となるRecA、Rad51、Rad52、Mre11などの構造と機能の解析を通して、相同組換え機構の解明に多大な貢献をされている。また、第12期の分子生物学会会長、第19期学術会議会員としても、日本の分子生物学の発展に寄与されてきた。現在は、岩手看護短期大学副学長を務められている。

これまでの先生のご活躍の糧がどこにあるのか、また今、今後の科学にどのような思いをおもちか、うかがった。

小川智子（おがわ ともこ）　薬学博士（東京大学、一九六八年）

国立遺伝学研究所名誉教授

一九三七年七月二二日　岩手県に生まれる
一九六〇年　共立薬科大学薬学部 卒業
一九六〇年　国立予防衛生研究所
一九六八年　大阪大学理学部 助手
一九七〇年　マサチューセッツ工科大学 微生物部門
一九八四年　大阪大学理学部 講師
一九九五年　国立遺伝学研究所細胞遺伝研究部門 教授
一九九五年　総合研究大学院大学生命科学研究科 教授（併任）
一九九五年　大阪大学理学部 教授（併任）
一九九六年　国立遺伝学研究所細胞遺伝研究系 主幹
一九九七年　国立遺伝学研究所総合遺伝研究系 研究主幹（併任）
一九九八年　国立遺伝学研究所 副所長
二〇〇一年　岩手看護短期大学 副学長

日本分子生物学会：会長（第12期）、評議員（第8、9、11、12期）

荒木　私は学生のときから小川先生を存じておりまして、学生時代と、私が遺伝研に行ってからも、いろいろお世話になりました。それで、先生のお話は私自身かなりお聞かせいただく機会がありましたが、この機会ですから、最初のあたりからお聞かせいただければと思います。いろいろお書きになっているものを読ませていただくと、サイエンスをやり出されたきっかけは割とユニークなところがあるのではないかと思います。いかがですか。

サイエンスがおもしろいと思ったきっかけ

小川　私はサイエンスをやりたくてやったのかが、ちょっとわからないです。でも、父の影響があったと思います。

私の父は戦争に行って、戦後二年ぐらい消息不明で帰ってこなかった。私に、強く印象に残っていることは、帰って来たとき、体が骸骨みたいにやせ細っていて、家で休養していたことです。父は、七年間も戦争に行ってわれわれの側に居なかったので、休養している間に、子供の教育についても考えたのかもしれないけど、この短い間に教わったことがいろいろあります。その中で基本になったと、今、思えることは……。

戦後の昭和二二年ごろって、まだ、まともな消しゴム、鉛筆、クレヨンもない時代に、気候の変動を調べなさいと言われました。要するに毎日の天気を調べることなのですが、そのときに、私は、朝と夕方に温度を測る、風向きを知るということは気が付きますが、土の中の温度を測るとか、井戸の深さを測るというところまでは考えが至らなかった。井戸の深さを測るのに、ひもに一メートルずつとか五〇センチ、一〇センチの幅に色を変えて塗って、その先に石の重りを付けて、つるべ井戸の中に入れて、その深さの変動をはかることを教えてくれました。それがおもしろかったのですね。私が驚いたのは、雨が降ると水量がすごく敏感に動くことでした。台風が来た時など二メートルぐらい上がるのですよ。二カ月ぐらい続けて付けたでしょうか、始めてデータを取るということを学びました。ものがなくても、どういう工夫をしたら何かができる、というような基本を教わった気がします。

それが、いろいろなことをやるときに、たとえばバレーボールをするときでも、どうしたらジャンプが高く跳べるようになるかとか、どうしたら点が取れるスマッシュが打てるようになるかを考える。とにかく科学的に自分で解決法を考えるという習慣というか、基本ができた気がします。自分ではそう思ってはいなかったけれど、改めて聞かれると、こんなことが基本になったと思います。

私は高校でバレーボールのクラブに入りました。自分の身体能力を向上させることを考えて練習に取組みました。当時、盛岡の冬はバレーボールの練習は体育館ではできなくて、毎日、体力を鍛える練習をしていました。私はボールを天井からぶら下げて、それに飛びついて打っていました。翌年の春の試合で、跳び上がったとき、相手コートの中がみんな見えてしまった。ジャンプ力が付いたのです。まず、そのことに自分で驚きました。相手のコートの人がいないところが目に入るし、ブロックも全部見えているので、自分がここだと思ったところにボールが打てる。その快感はすごかったですね。考えてやってきたことが自分で達成できるということがこんなにおもしろいと実感できたのは、このときだったと思います。

私は山登りも好きでした。自分が感じるとは思わなかったことで、今でも、記憶に残っていることがあります。それは、尾瀬を訪ねたとき。緑の美しさ、白樺の幹の白さ、川のせせらぎ、鳥のさえずり、空の青、その風景は、モーツアルトのピアノ曲を聞いたときに、頭に描いていた情景と同じでした。驚きといつまでも味わっていたいという感激、こんな美しいところに、母と一緒にいたいと思った。この心が奪われた情景を、自分のものだけにしておくことが勿体なくて、母ならきっと同じ感激を共有してくれると思った。そして必ず一諸にくると決めた。でも、これを叶えられることはなかった。こんな経験も、人生には後へ引き延ばしてできないことがある。機会を逃さないことって、自分に後悔を残さないためにも大切なことだし、感激を共に味わう仲間をもつことも大切と思う。研究も同じことのような気がする。

達成感、喜びのとき

荒木　達成感の話ですが、何をやるときでも達成感を、その快感を覚えるということは非常に重要だと思いますが。

小川　私、父がいなかったら、科学的に物事を行う方法を知らなかったような気がします。要するに、天気の記録をすることでも、それを科学的に調べていく仕方をちょっとしたヒントで教えてくれた。それがまた、夏休みの宿題で賞をもらってしまった。やっぱり達成感って、そんなところにあるのかなと思いますよ（笑）。子供のころに、味わう達成感って、長い目でみると自分の知恵や感性を育てる基本になるのではないでしょうか。

父や学校の先生から沢山のアイディアをいただいているのですけど、それらを一生懸命自分なりの理論を立て実行をしたら、自分なりの成功がある。これを自分で知ることって、希望を叶える力を身につけることでしょう。賞を貰うことも、自分の努力に対する贈り物ですね。それが達成感とか充実感に繋がり、喜びにもなる気がする。私は、改めて成人するまでにいくつかのこのような機会がもてて幸せだったと思うし、何よりもその方法を身につけたことが大きかったと思います。でも大学時代までにやってきたことは、ほとんど、それらを職業にできるとはまったく考えなかったし、多分、それは、私が男尊女卑の名残の時代に教育を受けた女性のためと思いますが。

荒木　バレーボールのように到達点がはっきりするものは、到達すると長くは続かなかったということですが、なぜサイエンスは長く続いたのでしょうか。

小川　サイエンスを始めたころ、私には、到達点がわからなかった。多分、あったのかもしれないけど、今やっていることで終わりだと思いながらやっていても、考えを深めて行けば、もっとできると考えられることがでてきて、到達点はまだまだ先になる。人間の考えは積み重なった知識や経験のうえで幅が広がって行くでしょう？

サイエンスを始めたころにも、女性であるがゆえに続けられないかも知れないと思ったことも正直、何度かあったと思います。しかし、続けられるだけ続けたいという意思はもっていた。サイエンスは考えることが好きな私にはぴったりの仕事であると、直感的に感じていたのかもしれない。

荒木　その後、富澤純一先生（国立予防衛生研究所、第1章）のところに行かれてすばらしい研究をされてドクターを取られ、阪大に勤務して、そしてアメリカに行かれました。研究の中では、達成感を感じたというか、この時は本当に嬉しかったというのは、どんな時ですか？

小川　DNAの複製途中の分子（図7・1）を、世界で初めて、電子顕微鏡写真に撮ったとき。その複製中の分子を集めてくるときにもいろいろな工夫や努力は確かにあったけど、印象に残っているのは、実際に電子顕微鏡で見ていて、どれが本当の複製中の分子かわからないのです。それが、Y字形なのか、θ形なのか、それとも、何倍も大きな分子になっているのかが全然わからなかった（注1）。

わからなくて一日半ぐらい電子顕微鏡を見続けていたとき、すごくきれいに広がった分子がポーンと目に入ってきた、「あ、これだ」、絶対間違わないという確信がもてる分子が目の前にあるじゃないですか。そのとき、とにかく絶対に失敗しないで、この写真を撮りたいと思った。でも、そのあとはいとも簡単に見つかるのですよ（半日で一七分子は集められた）。形がわかってしまうと、人間の見分ける力ってすごいですね。だから、サイエンスはそういうもの（きっかけをつかむこと）だと思うのですよ。

その見つけたときの喜びは、バレーボールで跳び上がって相手コートの隅々が見えたときの喜びとまったく同じでした（笑）。最初に打てたということで、そのあとはもう「どこでも来い」となってしまう。本当に喜びというのは、長いあいだ苦労を積み重ねながら堅実にやったときに、ボーンと花火が上がったようにやってくる。本当は、長いあいだその喜びを味わいたいのだけど、瞬間的に終わってしまう気がしますね（笑）。この瞬間的

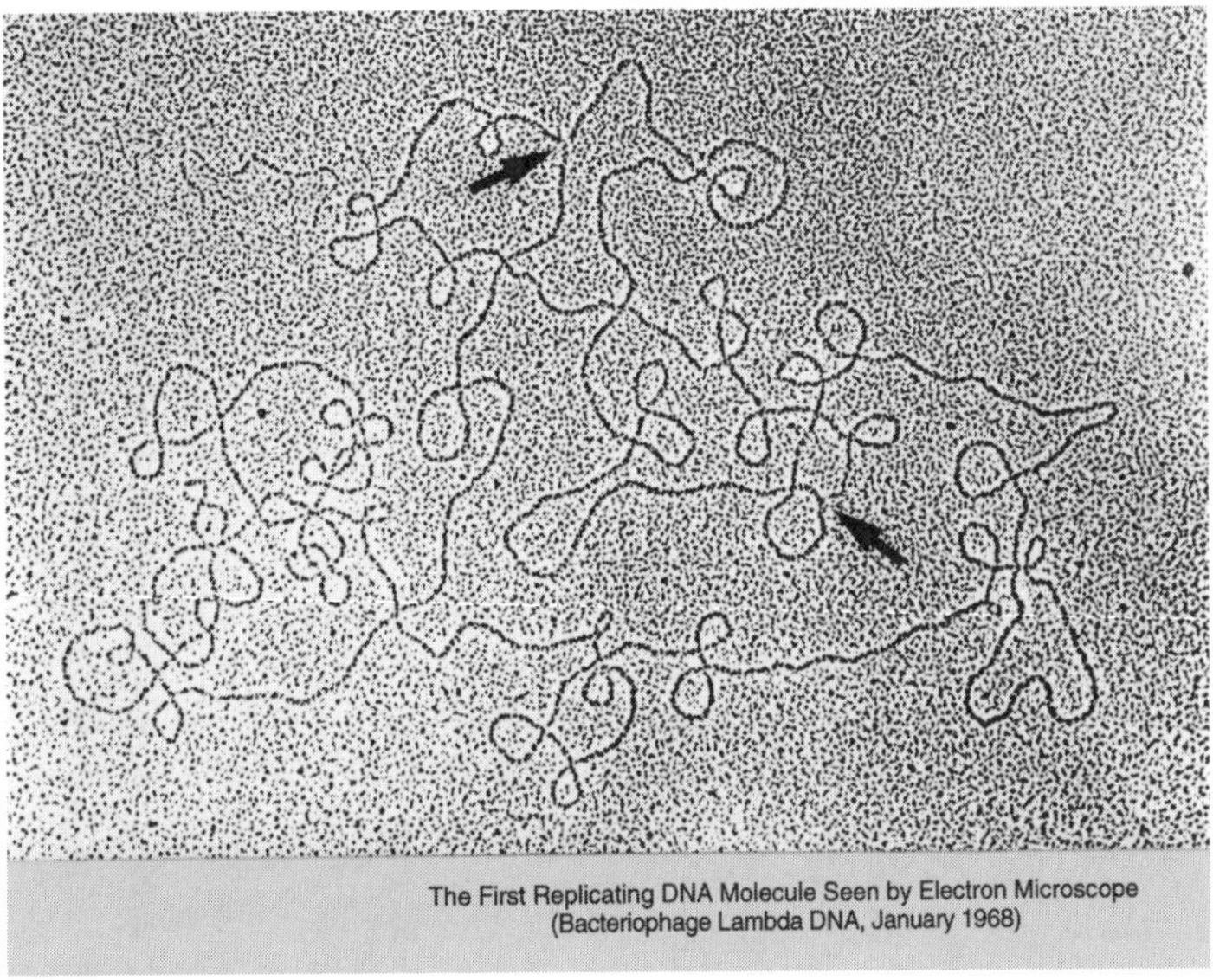
The First Replicating DNA Molecule Seen by Electron Microscope
(Bacteriophage Lambda DNA, January 1968)

図7・1 複製中のλファージDNA 重元素，^{2}H, ^{15}N を含む培地で増えた大腸菌に通常の軽い培地で得られた ^{32}P で標識したファージを感染させ，重元素を含む培地で15分培養する．この間ファージはわずかに増殖する．細胞を溶かし，CsCl 密度勾配遠心を繰返して，わずかに重くなったDNAを分離する．このようにして，一部分が複製したファージDNAが初めて単離され，電子顕微鏡で観察された．矢印は複製点．

に味わう喜びの虜になってしまって、サイエンスを続けたと思います。

荒木 他にはどうですか？

小川 Rad51を抗体で染色して、染色体上に見つけたときかな。

荒木 染色体の上で見つけたのですか。

小川 染色体上で機能しているタンパク質を蛍光分子と結合した抗体で染色して、初めて染色体上に見つけたことです（注2）。これをアメリカで開かれるゴードン研究会で発表したときは、会場から「うぁー」という何か身体が震えるような歓声が自然に上がった。それと、Rad51がDNAに結合した分子を電子顕微鏡の写真に撮っていたとき。最初のサンプルを電子顕微鏡下で見たとき、最初に出て来た分子が、まぎれもなく細菌のRecAタンパク質をDNAに結合したものと同じ形をしていた（注3）。あの鳥肌が立つような感激の瞬間も私には忘れられない。そして、それから、ヒト、ネズミ、ニワトリや、植物のユリに同じ遺伝子が存在し、生物の組換えに共通なタンパク質が関与することを見つけたときですね。

［注1］ 複製しているDNA分子の形により、複製機構を推し量ることができるので、この当時（一九六八年）多くの研究グループが複製中間体を観察しようとしのぎを削っていた。
［注2］ 相同組換えに関与することが遺伝学的にわかっている分子でも、実際にどこで、どのように、いつ働いているかはわからなかった。顕微鏡による減数分裂期染色体上での、タンパク質の直接観察は、組換えタンパク質が染色体上で働くことを明瞭に示した。
［注3］ Rad51は真核細胞で、RecAは細菌で、相同組換えの相同DNA鎖の対合と結合に関与するタンパク質である。RecAがDNAに結合するとらせん状の太い重合構造を取ることが示されていた。

研究をやるうえで大切なこと

荒木 それでは、サイエンスをするうえで大切だと思われることはありますか。

小川 私、今になって思うのだけど、自分の考えたことが正しいと証明することかもしれない。百科事典みたいにいろいろなことを覚えて自分の知識を広げても、それを自分が必要としているとき、その知識を巧みに、利用できる状態にあることではないでしょうか。それは、自分が積み重ねて育ててきた感性と知恵でしかない。知恵と感性は、それはそんなに簡単に育つものではないと思います。何かを自分がやりたいと思って、本を読んだり、学会で聞いたりして、経験したり、いろいろのことを考えたり、七転八倒の努力をして壁を乗り越えたときに育つと思う。観察すること、深く考えること、そして他人の意見を聞いてよい判断を身につけることかな。サイエンスには論理的思考は必須ですけど、論理的思考だけでは、アイディアは生まれない。思いつきの考えだけでもよい結果は出て来ない。それは経験（もちろん深く考えた経験も含むのですが）を如何に自分のものにできるかによると、私は思いますが。

富澤先生と一緒にお仕事をして本当に私のためになった重要なことは、私がサイエンスを始めたとき、何も知らないで始めているわけで、科学者になろうとも考えていなかった。ただ、考えて実験をすることが楽しかったし好きだった。先生の論理的なものの考え方が、そのような私が横道にそれないように、導いて下さったことです。この経験は大阪大学で、学生さんと一緒に研究するときに非常に役にたったと思います。私は富澤先生と一緒に研究したのは、大学を卒業してからの八年間でした。その後、先生はアメリカに行かれたので、本当に放り出されたという感じでした。

その後、阪大で RecA の活性を見つけることができたとき、初めて私は自分で仕事ができる科学者になったと実感しました。この活性を見つけるヒントになったことも、私が富澤先生と一緒に研究をしていたときにどうしても解決できなかったこととして、私の記憶にあったことです。だから、あまり頭がよくなくても、少しの知恵と感性があれば、考え尽くしたときに、それを実行することで、ユニークな結果を導くことができると思います。

サイエンスをやっていたら、疑問が出てくるでしょう。そして自分自身で考えたことで解決できなかったことって、いつまでもずっと頭の中に残っていますね？　頭の中に残していることが、時間がたってから「これで解決できるかもしれない」と気がつくときがあります。多分、それは周りの科学が進歩して、考えられるようになっていることかもしれないけど。

皆さんは、私の研究って、突然にアイディアやテーマが生まれてくるように見えるかもしれないけど、何が、私の特徴かとあえていうならば、「割合にしつこく解決できなかったことを考えている」ことかもしれないです。そして、多分、それが好きなのです。そして、そのために、データの解析は徹底していたと思います。それが他人にとって重要でなくても、不思議な結果が出たとき、何故！　ということは、頭から離れなかった。これは、他人の出したデータでも同じです。普通、サイエンスをやっていて、プランを立てて実験を始めるときには、大体どういう結果が出て来るかの予測があるものでしょ？　結果が違うことは、普通の人が考えるようなことでは解決ができないということですもの。予測がつかない壁にぶち当たったということは、考え不足ということかもしれない。でも、私の場合は、これを乗り越えたときにユニークな研究ができているような気がします。

荒木　では、研究のテーマを選ぶときはどうなのでしょう。今までのご研究を拝見すると、フォーカスが非常にいいというか、非常にポイントを絞って、ぐっと進んでいる。それは何かコツがあるのでしょうか。

小川　それはコツとは違いますね。前に言ったように知識がたくさんあっても、知恵と感性でもって、多分、選び出していると思います。

荒木　だから、その力というのはどこに。

小川　それは、子供時代から培って来た自分の力でしかないと思います。自分で研鑽してきたからとしか、説明ができません（笑）。私には育って来た周りの環境が大きな影響を与えたと思います。そばにいる人たちが、仲がよくて、お互いを支援する環境があったと思いますし、その支援に自分の力の出し惜しみをしている人は、ほとんどいなかった。このような環境は、その組織が目標としていることを、成功させる原動力であることを皆が意識していたからかはわかりませんが、根底にはお互いを信頼するとか、尊敬するとか、的確に行動ができる人達がいる組織なのでしょうけど、何か飛び抜けてよい仕事ができる環境になっている。この環境って、サイエンスの現場ばかりでなくて、大学ならば、事務職員でも協力の仕方をよく考えていれば、もっとよい事務室にする方法はありますね。これは、偉い先生（ボス）の役目ではなくて、ラボや部署にいる職員や学生、院生が本当に仲良く、お互いのそれぞれの能力を自分達の仕事を最高に成し遂げるために、出し合うことでしょう。自己の力の出し惜しみなどは、お互いをサポートする環境では、自然になじまなくなっていると思います。

組織の中で、自分自身も組織の「要になる」という自覚は忘れてはなりませんね。どんな分野でも組織の一員になったら、自分の責任を果たすために全力を傾ける人々の集まりが、成功をもたらしているような気がします。

次元が違いますが、私は阪大の学生さんからも育てられたと思っています。私、まったく、タンパク自体を研究材料に使ったことがなかったのです。ところが、春名一郎先生という教授が来られて、そこに私たちはアメリカから赴任しました。春名先生は生化学者でしたから、学生達はタンパク質の研究をしていた。私はおもにDNAの分子生物学と遺伝学でしたから、タンパク質の解析に関しては素人と同じです。それで、組換えタンパク質 RecA の精製を始めたとき、学生がとても親切だったのですよ。「あの人は何も知らないでタンパク質を精製しようとしている」と院生達は感じたのでしょう。すごくいろいろ助けてくれたのです。「教えてやる」という感じで、彼らは相当優越感に浸っていたと思います（笑）。

荒木　多分、あの時代は、小川先生も僕らも本当に同僚みたいな感覚でやっていた。

小川　そうね、みんなが「智子さん」と言っていた。

荒木　懐かしい時代ですね。

小川　私も自信がなかったし、自信がないから、できないということを前提にした。人間は「学び」ができて向上するような気がする。「人間はできる」と思ったとたんに進歩をしなくなる。だから、「できない」と言うと、学生は私に向かって「あんたは無知だから」と言うのですよ（笑）。「だから、教えて」と。実際に実験って、実験書を読んで実行するよりも、やっている人の技を見た方が、ずっと自分のものになるでしょう。このような態度で学生に接すると、私が出す結果を、私のことを無知だと言った学生達が一生懸命待っているの、おもしろかったです（笑）。そして、うまくいかないときなど、三人ぐらい集まって、こうしたらいいじゃないかとか相談している。私なんか関係ないところで話あっている。私も一人で考えて「そして、どうする？」と聞くけど、結局、最後は私が一人で考えて行うことになります。活性をはかるアイディアはすでにあったし。

その後、私が一九七八年に RecA タンパク質の精製に成功し活性を見つけたときに、一人でコールドスプリングハーバーのメインシンポジウムに乗り込みました。そのとき、フォックス（Maury Fox）とかボッシュタイン（David Botstein）が、講演ができるように、座長とかけあってくれた。また、話すときにはクレックナー（Nancy Kleckner）とか多くの外国人が前に座っていて（一九七〇～七二年にマサチューセッツ工科大学ＭＩＴにいた学生）、助けてくれたのだけど。「結果はどうだった」と、私の帰りを待っていたのは阪大の学生達のほうだった。発表が録音してあって、それを聞いて、すごくたくさんの拍手を貰ったことがわかって、自分達のことのように喜んでくれた。このようなことも嬉しいことで、人生ではなかなか経験ができないことの一つね。この発表は、飛込みでありながらスタンディングオベーションみたいな拍手をもらった。アルバーツ（Bruce Alberts、アメリカアカデミーの会長）は今でも覚えていて、会えば必ず「あれはすごく印象深い講演だった」と言ってくれる。そういう喜びを味わうと、また、同じ経験をしたいと思う。一方で、私が帰ってくるのを待ちわびている学生達が、想像もしなかったほど喜んでくれる環境が、阪大のラボにできていたということもある。皆が力を合わせることで、よい研究ができたことを示すとても貴重な経験だったと思います。

人間関係も大切

荒木　今、お話にでてきたクレックナーさんは、競争相手でもあり友達でもあり、共同研究者でもあるわけですよね。研究を進めるときに、こういう競争相手でもある人とはどう対応されたのでしょう。

小川　何と説明したらよいのでしょう。私がＭＩＴに留学したとき、一九七〇年から七二年という時代は、ＤＮＡの分子生物学が世界で一番発達していたのが日本でした。特に富澤研究室の仕事はあちらの大学院生の講義などにも取入れられていたので、私がやったＤＮＡ複製とか、主人（小川英行）がやったＤＮＡの傷の修復の研究は、私たちがアメリカに行ったときには、教員、大学院生、学生の間ではすごく有名な話になっていました。

ＭＩＴでもハーバードでも、何か実験で詰まると、いきなりの私のところに電話が掛かってきて、「今から入

図7・2　Nancy Kleckner（左），**Ira Herskowitz**（中央）**両博士と**

のＤＮＡを密度勾配遠心で精製したいのだけど、どのローターで、何回転で、何時間にセットすればよいのか」というような、考えればできるようなことまで聞いてくるような時代でした。ＤＮＡの技術に関する実験系をラボだけでなく、デパートメントに立ち上げたのが私たちだったから、ボッシュタインとか、プタシン（Mark Ptashne）とか、そういう人たちが周りにいて、すごく大事にしてくれた。日本では考えられないほど大切にされたのよ。

大事にしてくれたという理由は、クレックナーとかヘリスコビッツ（Ira Herskowitz）（図7・2）などが大学院の学生で、彼らの実験に直接携わって、電子顕微鏡写真を撮影する試料の作り方とか、いろんなＤＮＡ技術を教えました。そのとき私は Research Associate という身分でいたので、アメリカで習うというのではなくて教えてくる立場だった。だから、すごく居心地がよかったですよ。その代わり、二年の滞在で自分の論文が出せなかったのだけど（日本に帰って一報発表しました）。実は、富澤先生が、われわれが留学するとき「あんまり頑張って研究しなくてもいいよ、楽しんできなさい」と言われたので、そのお言葉を守ってきたというわけです。

日本に帰ってきて、今度、私たちがイースト（酵母）に転向しようと思ったときに彼らがすごく助けてくれた。発表するときでも必ず学会場に飛んできて、一番前にいて私が失敗しないかドキドキして聴いてくれた（笑）。大坪栄一さんが、その様子を見ていて「智子さんには、アメリカに親衛隊がいるから」と言ったことがある。本当に、他のアメリカ人と喧嘩みたいな議論になり、私の英語がしどろもどろになっていると、代わりに全部話してくれることが何度かありました。そういう親切さがアメリカ人にあったと思うけど、私が頼りなくって助けなきゃと思ったのかもしれない……。

荒木　アメリカにいらしたときにつくった人間関係が非常に有効に働いていますね。

小川　アメリカにいたときはすごくハッピーだったし、私は四カ月の子どもを連れていって育てて二歳四カ月になるまで二年間、ＭＩＴで働いてきた。日本の富澤研でやっていた財産、八年間かけて積み上げたものを全部、アメリカの学生の教育に生かしてきたのですね。ところが、そのあと一九八二年にサンフランシスコのヘリスコビッツのところに行っているのですが、そのときには完全に向こうのほうが進んでいた。イーストに関して私は習うことが多くあったし、あちらのシステムを全部、阪大にもってきました。セットアップして、そしてイーストを実験材料にして組換え機構の研究を続けた。大腸菌から真核生物の一番下等なものだけど、遺伝学ができるイーストに替えたことが、ある意味、研究の幅を広げるきっかけになった。その転換が、スムーズに進めることができたのも、時代の流れを考えれば（RecA の活性を見つけてから、組換え研究は熾烈な競争になった）、細菌とイーストの遺伝学の手法をもっていたので、運がよかった。

若いひとへ

荒木　最後に、生命科学の今の研究とか若手の人に何か言いたいことがあったら言っていただければと思います。

小川　私たちが子どものころ、月に行けるかどうかということは夢物語だと思っていたけれど、それが今は現実になっている。これは、私が夢と考えていたことを、その時代に、それを現実のものにしたいと本気で考えていた人がいたということですね。この事実は、夢って本当に現実になっていくということを、私に実感として感じさせました。もっと身近なことでいえば、地球観測や地震の発生のメカニズムに関しても、それらのシミュレーションの仕方を見ていても、われわれには想像がつかなかったサイエンスの展開が見られますね。現在は、暗黒物質（Dark Matter）が密かな研究のブームになっている。現在の地球や宇宙についての考え方や、データの注意深い観察が、ヒントになり、次世代の研究のブレイクスルーとなるものが出てくる予感がありますね。よく考え、観察すれば、新しい科学（研究課題）がたくさん生まれてくるはずです。

荒木　若者に夢はあるのでしょうか。

小川　人間にはいつも夢があると思います。ただ、われわれの年代がもった夢とは大きな違いがあるでしょうね。人間は夢がなくては生きて行けないでしょう。

私が大学生のときは、ワトソン、クリックのDNA二重らせん構造の発見（一九五三年）の数年後だったと思う。まだ教科書にはDNAとかRNAも載っていなかった。卒業する間近に桜井欽夫先生がロンドンの国際会議に出席なさった（DNA二重らせんモデルの発見の四年後）、その講演を聴かれて興奮して帰ってこられて、授業で一気にDNAの話をなさいました。それで私も興奮してしまった。だって、大学ノート一冊分でしたもの。それで、予研に勤めたときに「私は誰よりもDNAをずっと知っている」と思っていたことがある（笑）。そんなときに若い科学者の中には、この発見を機に生物のDNAが細胞内でどのように増えるかを明らかにしたいとか、どうして人間は皆それぞれに特徴があるのだろうかとか考えて、組換えの研究に発展するのです。

これらが、月や火星に生物が住む夢を描いた漫画や、手塚治虫さんが描いた漫画の主人公がロボットの代表になったみたいな夢と違うかと考えると、同じような気がします。自分が不思議に思ったことを夢に留めるか、それを現実のものにするかは、考え方の違いと、その人の熱意と努力だけではないでしょうか。このように考えれば、やれることは無尽蔵にあるのではありませんか。若い人に夢があるかって？　それは、若い人がどんな夢をもって、それを自分で実現可能にするように努力をするかということでしょう。遠い夢を身近なものに変えるって、すばらしいことですよ。人間の興味ってつきることがないと思うので、夢をもつことは大切ですね。

荒木　そうすると、若い人はまだまだたくさんの夢がもてるということですね。

小川　あると思いますよ。その夢をどのくらい問題意識をもって深く考え、実現可能にできるかということでしょう。若いときって、感受性も強いし、脳の活動も活発だし、身体能力もあるし、ある意味精神能力も強くできる時期ですね、そのようなときに、自分がやりたいことを、一生懸命勉強することが必要に思います。その過程で、実現可能かの判断ができると思います。そのような姿勢の人間は、何時の時代でもとても魅力的に感じますね。

「本気になる」って、自分では予想もしないような力を生み出す気がするけど、そして、そんなときに仲間も楽しめる真の喜びが得られる気がするけど。私がそう思うだけで、こんな偉そうなことは言えないのかも知れない……（笑）。

荒木　どうもありがとうございました。

8

堀田凱樹

聞き手　広海　健
同席委員　林　茂生

現在の日本で隆盛をきわめているショウジョウバエを使った分子・細胞・発生・神経生物学の「元祖」が堀田凱樹博士である。堀田博士が築いた分子生物学の特徴は「概念的跳躍」であろう。遺伝子産物の分布（局在）を調べる方法が開発される一〇年以上前に、単なる遺伝子発現場所ではなく「遺伝子が機能している場所」を同定する方法を開発したり、クローニングが可能になる前に「ポストゲノムアプローチ」を始めたり。絶えず時代の三〇年先をゆく研究姿勢の秘密を聞き出そうとした。

堀田凱樹（ほった よしき）　医学博士（東京大学、一九六八年）

東京大学名誉教授、国立遺伝学研究所名誉教授、総合研究大学院大学名誉教授

一九三八年九月二〇日　東京に生まれる
一九六三年　東京大学医学部医学科　卒業
一九六八年　東京大学大学院医学系研究科博士課程　修了
一九六八年　カリフォルニア工科大学生物学部門
一九七二年　東京大学理学部　講師
一九七三年　同　助教授
一九八六年　同　教授
一九九七年　国立遺伝学研究所　所長
一九九七年　総合研究大学院大学　遺伝学専攻長
二〇〇四年　大学共同利用機関法人　情報・システム研究機構　機構長

広海　堀田先生は私の東大の時代の指導教官ですが、遺伝研（国立遺伝学研究所）でもおつき合いいただいていますので「堀田さん」とよばせていただきます。決して指導していただかなかったからではありません（笑）。

堀田　もちろん結構です。「先生」「所長」「機構長」などとよばれると背中がむずむずして困ります。広海君を「指導」した覚えもありませんし（笑）。

科学の士農工商説

広海　よく「科学は士農工商と進化する」と言っておられますが、その辺から。

堀田　昔は貴族、「士」の芸術だった。たとえばショウジョウバエや線虫には今でもその名残があって、論文は美しく完璧でないと駄目だよね。少々無駄をしても完璧を期すのが科学だった。やがて「農民」が出て来た。農民ってマウス、ね？　高等で複雑で難しい。だからデータは完璧でなくても許される。「工」はテクノロジー。次世代シーケンサーとかいろいろ進歩して。今は最後の段階で、「商」の時代に来ている。「役に立つ」から商売になる。そこでわれわれはどうすべきかという話だよね。

広海　その「商」の段階で、「役に立つ」を正当化する論理はありますか？

堀田　人類に役立つということです。医療や食糧とか。

広海　実際に寿命が延びてきて、多分、堀田さんは一四〇歳位を目指していますよね。

堀田　六五で遺伝研所長を辞めるときに、「人生の折り返し点」と言ったから一三〇歳が目標（笑）。

広海　それがいいことかどうか疑問に思うのだけど…（笑）。

堀田　医学は進歩しているけど、じゃ、一般人の医療が向上したかというと、たとえばアメリカやアフリカの貧しい人は本当に悲惨な状況にあるわけね。

広海　科学は一部の人にしか貢献していないという意味ですね。

堀田　そう。だから、人類のために貢献すると主張するなら、そういう点にも目を向けるべきだね。そういう中で基礎研究をどう続けるかですよね。下手をすると、科学が二一世紀の終わりに存在するかどうかは疑問だと思うよ。もともと芸術も科学も、王様や政治が保護する形で育ってきたけど、それが儲かるように民間でやればいいというのが昨今の「事業仕分け」ですよね。

統計学から脳研究へ

堀田　学者にはラジオ少年とムシ少年とがいる。ラジオ派はメカニズム好き、ムシ派は多様性が好き。僕はラジオ少年だった。

広海　ラジオ少年の時から脳の働きがおもしろいと思ったのですか。自分の頭の働き、言語とか、そういうのを。

堀田　確かに、自分は少しおかしいという意識はあった（笑）。

広海　脳への興味は生命科学を学びだしてからということですか。

堀田　最初は一九五七年ごろ、大学の教養課程で統計学を学んだときだ。イエスかノーか判断するとき、脳の中で何をしているのかを、数式にしたのが統計学だとそのときに思った。だから、あれは「脳の理論」であると。適当な閾値を決めて、計算結果がそれを超えるかで判断する。実はどこに閾値を置くかには任意性がある。それ以外のことは数学なんだ。論理的な部分と非論理部分をはっきりと分けているのが統計学ですよね。

広海　今の説明が理解できたという自信がありませんが、……。

堀田　でも、結論を出すときに、たとえば、結婚を決断する瞬間には閾値がある。それは統計学でしょう。データがあったときにそれから計算した評価関数が何点以上だったら結婚するというのはその人が決めること。判断を誤る確率とか。まさに統計学でしょう？

林　それは数学の厳密性とは異なるものですよね。

堀田　数学的な厳密な部分と同時に、どこか「エイヤッ」と決める場所がある。

林　医学部や物理に行く秀才は、厳密性に惹かれて行く人が多いと、広海さんは見ていると思うんですが。

堀田　そうとも限らない。物理の学生には二種類いるんですよ。少数だが好奇心のかたまりのような人がいる。理屈なんかよりも、とにかくおもしろそうだと食いつくタイプ。残りはやっぱり数理的、論理的な思考が好きだというタイプ。今の医学部は、親が医者だから跡継ぎになれと言われて来たとか、高校で成績がよかったから、理Ⅲを受けろと言われて受かっちゃったというのが目立つ。

広海　その二つに分けると、堀田先生は何でも興味をもつタイプですか。

堀田　そうかもね。他人を説得するために論理はあとからつける。直感的におもしろいと思うのが大切。統計学がおもしろいと思ったというのは、今から考えれば複雑な系の「データ中心科学」というやつです（笑）。

広海　学生のころからそうだった。

堀田　意識はないよ。とにかくデータがたくさんあって、それが非常に複雑なときに、まとめて少数のパラメーターにするのが快感だ。それは物理学だよね。今の生物学はそれを飛び越してもっと先の細かい分子の動きとかに行っていて、そのテクノロジーは発展するけれども、僕にはちょっと違和感がある。

脳科学はどこへ向かうべきか

広海　脳の理解には神経回路の完全解明が必要ですか。

堀田　むしろ、完全解明なんか待たないで、全体を大局的に理解するような手法が必要ですよ。実は、遺伝学で脳研究を始めたのはそういうことだったわけですよね。解剖学はシナプスがどうつながっているか決める。でも、抑制性と興奮性とがあって、生理学が必要だというので、解剖と生理と合わせると理解できると信じていたのが僕の学生時代。だが「いくらやってもダメ」とも思っていた。
そのとき思いついたのは第三の手法を導入するということで、これが遺伝学。遺伝子でつくられているなら、遺伝子を壊して見ればわかるだろうって。ラジオ少年の思考法ですよ。それが今は分子の時代になって、遺伝子・産物・相互作用と研究は進んでも、やっぱりわからない。もう一つ新しく大局的なことを理解する手法が要るのじゃないですか。
あとはゲノムの時代になったので、脳の多様性とかをとことん調べていくと脳の個体差とか、病気と正常の違いとかもわかってきますよね。でも、何がよいのかは人間が決めている恣意的な部分なので、それをずらせば結論が変わってくる。そういうことを全部取入れた脳科学。たとえば、つい最近の論文で、一卵性双生児の一方が神経疾患を発症した例を多数集めて全部調べた。ゲノムはもちろん、エピジェネティクスも調べたが、差がほとんどなかった。ただ、メチル化の違いが何箇所かみつかっている。それが原因かどうかはわからないが、予想したほど多くはない。

広海 病気の原因だったらまだやればできそうですが、もともとの興味である脳の働き方、思考に関して、今われわれがもっているようなアプローチでわかりますか?

堀田 それじゃ、もう一つ提案しよう。「エソロジー（動物行動学）を突然変異で調べる」のがいいと思う。エソロジーというのは、ノーベル賞をもらったローレンツやティンバーゲンの、ミツバチ・アリとかトリの話が有名ですよね。脳科学ではインプリンティングばかりが有名で学問の本質部分があまり言われていないけれど、エソロジーは脳の遺伝学なんです。だから心理学者が嫌ったわけ。

林 生得的な行動の研究ですね。

堀田 そうそう。エソロジストは、野外で自然な状態で動物行動を調べる。ラボの中でネズミの行動を調べるというのが心理学ね。だから、心理学者は学習という方向へ行き、エソロジーは本能行動を研究した。エソロジーには固定的動作パターン（fixed action pattern、以下FAP）という重要な概念がある。動物の行動はモジュール化してるというんです。決まった順番とタイミングで筋肉が縮む連鎖がパッケージになっていて、それが次から次へ出てくるのが行動である。そのFAPをスタートさせるリリーサーがある。これらは遺伝子に対応するはずですよ。個々のFAPに一個の遺伝子が関係しているとなれば一番かっこいい（One Gene One FAP 仮説）。遺伝子の組合わせがこのFAPとリリーサーに対応するというのが私の考えです。

林　ハエの求愛行動は。

堀田　あれは典型です。本能行動で、遺伝子で研究するのにはマッチングがよい。本当は求愛行動のような「多体問題」じゃない単純な行動がよい。たとえば飛翔とか、歩行のために複数のFAPが順番に出てくるのを解析すれば、どのステップにこの遺伝子が効いていますとか決められるんじゃないかと思う。

コンピュータープログラムと同じで、パッケージに構造化されている。有限個の遺伝子で複雑なものをつくるには、パッケージとしてつくってつなぐという階層構造になっているはずです。ある突然変異では、特定のFAPが抜けていますとか、違うFAPと入れ替わってますというような研究はかっこいい。若ければ本当はそういう研究がやりたいんだけど、あまりにも分子が勢いづきすぎてしまって、その暇がなくなった。

広海　私は堀田先生のお仕事の中で、もちろん一九七二年に出されたモザイク解析で遺伝子の作用部位を決める論文（章末文献1）に非常に衝撃を受けましたが、七六年の求愛行動の論文（文献2）も好きなんですよ。

堀田　あれは雄の行動のリリーサーをフォーカスとして脳の特定の位置にあると証明したものです。雄でも雌でも脳には能力があるけれども、雌では止めてある。「それをリリースする信号の場所」を決めた重要な仕事だった。初めのリリーサーと、次の一連の行動連鎖のステップには別の場所が必要だと決める。そこで働いている遺伝子を次々に決めていけば、本当の遺伝エソロジーができるはずだった。

広海　なぜその先が出なかったのですか。

堀田　結局、あのころは突然変異が分離できなければだめなわけですよ。今はゲノムの時代だから違うけど、順遺伝学では突然変異がとれないものは解析できない。「求愛行動では翅を振らないが、飛べる突然変異体」とかあればよかったけれど……。

モザイク解析法

堀田　生物学が難しいのは、機能と働いている場所と分けて見られないこと。あの七二年以降のモザイク解析法の神髄は、遺伝子の機能を一切問わないで働いている場所がわかる。それがパワーなわけね。逆に、「ここです」と決めてもそこで何が起こっているかはわからない。

広海　「この細胞」というところまで決められたら、そこから分子生物学につなげられたと思うのですが。

堀田　そのころはセルマーカーがないからその先の踏み込みができなかった。今ならＧＦＰ（緑色蛍光タンパク質）とかを使って簡単にできますよ。細胞レベルで決めて、大がかりにそういうプロジェクトを組めばね。

広海　七二年の論文（文献１）にしても、七六年の論文（文献２）にしても、すごく分析的で定量的ですよね。その後、同じような仕事、同じようなアイデアでやる動きが出てこなかったような気がするのですが。

堀田　でも、今のモザイクを使った細胞レベルの話に結局はつながっているわけだ。

広海　つながっているのだけれども、今、そういう細胞レベルの話をやっている人が、マーカーの解像度に比べてすごく大雑把なことしかやっていないような気がするんです。それこそ「統計的」な処理をせずに。

堀田　細胞レベルで見えるので、局所的な話になってしまっているわけだね。局所的な細胞間相互作用に落としてしまうと、脳全体の問題とかにつながっていかない。せっかく遺伝学からやろうというのなら、細かいところじゃなく大局的に見て研究をして欲しいね。

一九七〇年代のポストゲノム研究

堀田 この分子生物学会編の対談で「分子生物学にいつから興味をもちましたか」と聞かれたらどうしようと悩んでたんだ。実は、一度も興味をもったことがない（笑）。

広海 使ってみたいと思わなかったという意味ですか。

堀田 道具として分子技術を使うのが分子生物学なのかということですよ。僕は大昔、岩波の「科学」に「遺伝子工学は顕微鏡である」と書いたことがある（文献3）。遺伝子を使って複雑なものが見える。見るための道具の一つに過ぎない。顕微鏡や微小電極を使うように、遺伝子を使うわけ。

広海 道具としての分子生物学が出てきたときに、「これは使えると思って興奮したか？」という意味ではどうですか。

堀田 それは難しい質問で、やはり分子に抵抗があった。それは今言ったようなポジティブな意味より「分子をやって何がわかるの？」という感じ。昔だからね。わたしは八〇年代後半にPエレメントが出るまではあまり分子と言わなかった。

広海 七〇年代から、二次元電気泳動でタンパク質分子を分けようとかしていたじゃないですか。

堀田 遺伝子が決まったら、その産物を見るために二次元電気泳動を使った。別に分子を研究したいのではなくて、複雑なものの過程を見たいわけね。藤田 忍君が最高レベルの泳動を毎日何十枚も流してくれたしね（文献4）。

広海 あのときの二次元電気泳動の導入は特定の遺伝子産物の変化を見るためではなくて、全体を一遍に見ようという意図だったのかと思っていました。

堀田 今様に言えばプロテオームね。たとえば、ホモ接合で見るとかなりたくさんの変化が見つかる。そのうちどれが本物かを見分けるのに、ヘテロ接合を調べる。本物の変化ならヘテロ接合にすると半分異常となるはず。

二次的変化は劣性ならば出てこない、という戦略だった。結局、産物が全部見えているわけではない、特に転写因子は量が少ないとか、特定の場所でしか発現していないので検出できず、必ずしも成功しなかった。だが今考えれば、まさにポストゲノムの考え方です。

広海　「今考える」とそうなんですか。そのときから「情報」とか「システム」とか、そういう全部を見ようという考えで始めたと思っていました。

堀田　そんなに先は見えていないよ。それは言いすぎだ。でも、全体を見るというのがおもしろいとは思ったけど。しかしあれはずっと後のリン脂質の研究には生かされている。

広海　早稲田の吉岡 亨先生と協力していたころですね。

堀田　リン脂質の二次元泳動をやって、ある網膜変性変異体で網膜のホスファチジン酸がなくなるのを見つけた論文（文献5）で、これには驚いたね。あのころそんなことは流行っていなかったからみんな注目しなかったけど、全部をみるのはいいことだと思った。でも「ゲノム的手法が必要」とまでは見通せなかった。大体、ゲノムが読まれ始めたころ、僕は冷淡だった。反対と言うより、大学の研究室があれを始めたら大学院生は死ぬよね。

今でも忘れないのは遺伝研の運営協議会で三島に行ったときに、石浜 明さんに「ショウジョウバエの全ゲノムの配列を日本で決めませんか」と言われた。「私はやりません」と言ったんですよ。東大の半講座の研究室でやるわけにいかないでしょう。それをやってたら今頃広海君はいないですよ（笑）。

広海　ちょっと論理の飛躍があるような。

古典濫読のすすめ

広海　少し話題を変えて「研究者として自分に課しているトレーニングがあるか」という質問はどうですか。

堀田　まず「優れた論文の多読（濫読）」が絶対によい。特に若いときたくさん読んだ。ノートなんかとらないで、おもしろいと思ったことだけを熟読する。

林 当時は図書館で読むんですよね。だから、ノートをとらないと、ほかに記録する手立ては特にないですね。

堀田 複写機もなかったからね。中井準之助先生が授業で、「読んだものをいちいち覚える必要はない。忘れようと思っても忘れられないものが見つかる」と言われた。また江橋節郎先生が「テーマを探すのなら終戦後のジャーナルを読みあさるのがいいよ」と。まさにそうだと思う。Watson & Crick が五三年（章末文献6）、Hodgkin & Huxley だって五二年（文献7）ですよね。Hubel & Wiesel（文献8）はもうちょっとあと。戦争中に研究ができなくて鬱積していた成果がどっと出たのが五〇年代で、そのころにおもしろい論文がいっぱいある。

広海 そのアドバイスは今でも有効ですか。

堀田 今でも有効かどうかはわからないけれど、少なくとも今のゴミみたいな論文をたくさん読むよりましかな（笑）。今の論文はタイトルとアブストラクトを読んで、あとは図を見て、大体わかるようなのが多いじゃないですか。昔の論文はじっくりと読んでいくと、こりゃえらいこっちゃというのがわかるわけね。

広海 つまり、現在の若い世代は、最新の論文は読まなくていいということですか？

堀田 読まなくていいとは言わないけど、斜めに読めばいいんじゃないかな。古典を読むのは本当に一字一句読むわけ。これは英語の勉強にもなった。江橋先生は、「内容を言い換えて別の英語でよりよく表現する練習をしろ」と言うんですよ。これはほとんど不可能です。でも、江橋研で受けた数少ない教育の一つね。

広海 私が遺伝研でやっている英語表現の授業で、学生が論文を選んできて、その論文の同じデータを著者とは別の角度から見て、別の売りを見つけて、論文に書くという演習をやったんです。

堀田 それはいいね。実際、レベルの低い論文ほど改良案が出せますよね。だけど、たとえば Hodgkin & Huxley には一つもない。もう完璧。どの一行も絶対に抜けない。

Hodgkin & Huxley とシミュレーション

広海　Hodgkin & Huxley は、生理学実験だけではなくて、シミュレーションもしていますね。最近は、実験の最後にシミュレーションを付けると一見仕事の価値が上がると考えられているように感じます。当時からそういう風潮があったんでしょうか?

堀田　いやいや。特に今シミュレーションをやっている人たちは Hodgkin & Huxley を、眼光紙背に徹するぐらい読むべきですよ。あの時代にシミュレーションと言う言葉さえあったかどうか知らないが、あれはシミュレーションの極致です。現代のシミュレーションを読んで感心することはあまりないが、Hodgkin & Huxley は特別な成功例です。

Hodgkin の場合にも、K チャンネルと Na チャンネルと二つの連立微分方程式ですね。その式のパラメーターがチャンネル分子と対応した。あれをまとめて数学的には等価な高次の微分方程式にすることもできる。もし、そうしていたら、その論文は今ごろ消えているはずです。実際、二安定状態仮説（Two Stable State Theory）などの対抗馬は全部消えて、いまや誰も知らない。あの定式化で Na チャンネル、K チャンネルという概念をつくったら、それがそのまま分子に対応した。信じられない洞察力だ。これこそ分子生物学だよ。シミュレーションをやる人にはその能力が必要なんですよ。

広海　本人もチャンネルが分子とは知らなかった。

堀田　自信はなかったが、分子だと想像していたと思いますね。でも分子だとは一言も書いていない。数学的には等価で違うまとめ方もあるが単純な定式化を選ぶと書いてあります。また、Hodgkin & Huxley は時間変化を止めたデータ（voltage-clamp 法）に基づいて、活動電位の時間変化を再構築した。これも見事だよね。Hodgkin & Huxley の時代は手回しタイガー計算機ですからね。僕の先輩の遠藤 實先生は追試するといってタイガー計算機で一生懸命計算してましたよ。論文では活動電位を再構成していくが、途中で止まっている。あれはやってみれればわかるけど、タイガー計算機でやっている限り桁数が足りなくて、あれ以上駄目なんだ。それを勉強する意味でも、シミュレーションをやる人は熟読すべき古典だと思う。

情報・システム研究機構と真の理論生物学

広海　堀田さんは、どういうことをやろうとして機構長をやっておられるのですか。

堀田　機構長は自分で望んでなったわけじゃないから。なってから考えた（笑）。

昔、法人化の議論をしていたとき、文科省は「各研究所が小さすぎる。まとめろ」と言う。最終的には未来志向の組合わせで、遺伝研・極地研・情報研・統計数理研の四研究所をまとめて法人化したわけです。実は最初、「遺伝研は生命から情報へ」、「岡崎の三研究所は生命から分子・構造へ」と主張して説得したんだけど、岡崎の人たちは天文台や核融合と一緒になって自然科学研究機構ができたのね。それで見かけ上生命が二つの機構に分断された形になった。でも当面はそれでよかったと思う。首は複数あったほうがいい。一つにしたら一度に首を絞められるから。でも、生命から情報というのはゲノム時代の当然の考え方で、次の遺伝学の方向でしょ。「実験はいらん」と言っているんじゃないよ。実験もそういう流れの中に位置づけられる。ダーウィンもメンデルも典型的な理論生物学者なんですよ。非常に複雑な現象論から規則性とか法則とかいうものを引き出した。情報・システム研究機構が目指すのは「実験の方向性を示す真の理論生物学」。

林　真の理論生物学はどうやったら出てくるんですか。

堀田　それがわかっていれば、遺伝研単独でそれをやる。遺伝研って本来そういう方向だよね。DDBJ（DNA Data Bank of Japan）や生命情報センターをつくった。けれど、やっぱり遺伝研の枠を越えた努力が必要だ。機構に「新領域融合研究センター」をつくって、そこでやりましょうというのが僕の考えです。そこに人が集まってきて、たとえば生命、地球環境など複雑な現象の大量データの生産から処理まで直結するのが、情報・

システム研究機構です。

広海　「融合」とか「統合」とか名前を付ければできるわけじゃないですよね。

堀田　教育が必要。その目的を達成するには二世代かかる。今の教授たちにすぐそれをやれと言ったって無理ですよ。教授を前にして言うのも何だけど。

広海　いろいろな分野の人が集まって努力すると、そこに若手が。

堀田　そこに若手がいて相互作用をする。教授は少なくともそれを奨励して邪魔しない。それが新領域融合研究センターなわけね。そこでのテーマの一つは生命ですよね。次は地球環境。あとは情報基盤と情報数理。今年からは新たに人間社会という柱も立てます。人間社会というのも複雑系だからね。

広海　そうしたら、あらゆる学問を全部含むようになってしまいますね。

堀田　そうですよ。だって、科学の未来はその方向でしょ。物理学だって化学だって、みんな生物に興味を示すでしょ。生物の問題はあとまだ五〇年は続くでしょう。物理や化学や情報の人たちが集まって来る限りはね。そのためにも生命科学のデータと知見を俯瞰的に見渡して横断検索できるデータベースが必要です。バイオインフォマティクスという範囲を越えた活動拠点として、わが機構に「ライフサイエンス統合データベースセンター」をつくり、わが国の全データベースを横断的に利用できるシステムをつくっています。

広海　そうすると情報・システム機構を越えて、他の機構も一緒にしなさいという議論だって出てくるんじゃないですか。

堀田　将来的には、科学一本ということだってありえますけど、すぐにするのは危険です。法人化当初から一つにしてあったら、今まさに仕分けの対象ですよ。研究開発法人に組込まれる可能性だってある。良し悪しは難しいけれども、僕は大学共同利用機関を四つに分けておいたのはボトムアップの確保の観点からも当面は正しかったと思う。

けれども、未来永劫それがいいのかといえば、そうではない。でも、そのときは理研をどうするか、他省庁の研究独立行政法人をどうするのかなども一緒に考えないといけない。日本全体で考えないと。文科省の中でさえ旧文部と旧科技が一緒になれないというのが現実なんだから。ましてや、他省庁の研究所まで考えると……。

広海 話は尽きませんが、この辺で。どうやってまとめようか、大変そうです。

堀田 話したうち一割くらいの長さにまとめないと……。

参考文献

(1) Hotta Y., Benzer S. (1972), *Nature*, **240**, 527~535.

(2) Hotta Y., Benzer S. (1976), *Proc. Natl. Acad. Sci. U.S.A.*, **73**, 4154~4158.

(3) 堀田凱樹 (1985), 科学, **55**, 266~267.

(4) 藤田 忍、堀田凱樹 (1979), 蛋白質 核酸 酵素, **24**, 1336~1343.

(5) Yoshioka T., Inoue H., Hotta Y. (1983), *Biochem. Biophys. Res. Commun.*, **111**, 567~573.

(6) Watson J. D., Crick F. H. (1953), *Nature*, **171**, 737~738.

(7) Hodgkin A. L., Huxley A. F. (1952), *J. Physiol.*, **117**, 500~544

(8) Hubel D. H., Wiesel T. N. (1959), *J. Physiol.*, **148**, 574~591.

9

柳田充弘

聞き手　平岡　泰
同席委員　島本　功

柳田充弘博士は、染色体構造と細胞周期制御の研究において、世界的に認められた科学者である。電子顕微鏡・蛍光顕微鏡による構造解析を縦糸とし、分子遺伝学による機能解析を横糸として、細胞曼荼羅を紡ぎ出す構造学派。京都大学教授として三〇年、多くの科学者を育て、研究と教育に貢献してきた。日本の分子生物学を牽引する柳田教授の先駆的な業績と、世界を相手に闘い抜いた秘話を、眼下に百万遍を臨む京都大学の研究室でうかがった。紙面の関係でお話の一部しか紹介できないのが残念である。

柳田充弘（やなぎだ　みつひろ）　理学博士（東京大学、一九七〇年）

京都大学名誉教授

一九四一年四月四日　東京都に生まれる
一九六四年　東京大学理学部生物化学科　卒業
一九六七年　ジュネーブ大学分子生物学研究所
一九七〇年　ナポリ市国際・遺伝生物物理学研究所
一九七〇年　メリーランド州立大学医学部
一九七一年　京都大学理学部生物物理学教室　助教授
一九七八年　同　教授
一九九九年　京都大学大学院生命科学研究科　教授
二〇〇五年　同　特任教授
二〇〇五年　沖縄科学技術研究基盤整備機構　主任研究員

日本分子生物学会：会長（第11期）、第27回年会長（二〇〇四年）、評議員（第7、8、10、11、13、14期）、理事（第16、17期）、学会誌「Genes to Cells」編集長（二〇〇六年〜）

分子生物学構造学派

平岡　かれこれ三〇年ぐらい前になるかと思うんですけど、僕が最初に柳田さんのラボに行ったきっかけは、バクテリオファージのオプティカルフィルトレーション（光沪過法、後述光回折法の変法）の仕事がとてもエレガントで感銘を受けたことがきっかけになっているのですが、あの仕事を始めるきっかけはどこにあったのですか。

柳田　外国に留学したのは一九六七年です。電子顕微鏡は、東大の生化学にいるときに野田春彦先生に学んだからできたんだけど、オプティカルディフラクション（光回折法、電子顕微鏡フィルムの光回折像から構造の周期性を読む方法）というのはおもしろい方法だなと思いました。それで、電子顕微鏡で有名なケレンバーガー（E. Kelenberger）という先生のところで、これをやらないかと言われたときに、「じゃあ、研究テーマの半分か三分の一くらいの労力でやります」というのでやったの。

これはちょっと僕は「ジャーナルオブモレキュラーバイオロジー（JMB）」の思い出話に書いたんだけれど、オプティカルディフラクションをやっていた先輩の学生さんは途中で大学院を辞めちゃった。その理由がおもしろいんです。スイスというのは、フランス語系の人たちがすぐに独立運動をしたがるんだけど、彼はベルンから独立してジュラの州をつくる秘密結社の党員になった。それで辞めてしまったものだから「お前がやれ」と言われたの。偶然なんですよ。当時は大学紛争が激しかったころで、僕がスイスに行ったのもそうだし、その先輩がジュラ運動をやったので、僕がディフラクションを始めたという、まさに紛争当時の思い出話ですよ。

平岡　オプティカルディフラクションをやったのはたまたまだったということですが、ファージということはもう決めていたのですか。

柳田　そう、決めていたの。結局ね、分子生物学というものがあるというのがわかったのが大学に入って二年目ぐらいだよね。ＪＭＢという雑誌が創刊されたのが一九五九年だった。当時、分子生物学というのは、**情報学派**というのがあって、もう一つは**構造学派**があるとよく言われていたんだよね。僕はよく言うんだけど、大体八、九割の生物学者は情報学派になって、残り一割が構造に行くんだなとずっと思っていて、自分はどうも構造のほうが向いていると最初から思っていましたよ。それで形態形成をやりたいと思っていたの。

だから、キーワードは**形態形成**。それの遺伝的な仕組みをやりたい。それで、当時としてはファージの形態形成以外にベターな系はないと確信していたんですが、「もう古いんじゃないか。今さらそんなところに行って勉強してどうするの」と多くの人に言われました。でも、信念で、「絶対これで勉強したいんだ」と思って、やっぱりよかったと思いますよ。ファージでやったことと同じような感じで、酵母に移って何の違和感もなくすぐに始められましたからね。

そういう意味では、分子生物学の構造系の人物として形態形成を、できるだけ遺伝的制御の仕組みをやりたい、と。少数派を選んだわけですよ。

バクテリオファージから分裂酵母へ

平岡　ファージの仕事から、ある段階で分裂酵母の仕事に移ってきたわけで、その途中いくつか別の生物も扱っていると思いますが、その辺りの経緯はどういうことですか。

柳田　僕はずっと微生物を研究してきているんですね。大学のときには細胞性粘菌というものをやっていたんですよ。でも、細胞性粘菌は遺伝学がきちんとできなかったから、どうしてももっと精密な遺伝学をやりたいというので、ファージと。

ファージはすごくいい研究が石井哲郎君と一緒にできた。石井君は今、筑波大の教授をしています。でも、やっぱり染色体みたいなことをやりたかったので、もうちょっと違う生物というので、それと教授になれる機会が出てきたので、ラボヘッドになるのなら新しい生物種をと思っていましたね。だから、その過程で遺伝学がきちんとできる真核生物ということで、分裂酵母の研究が始まった。クラミドモナスとか途中で随分真剣に考えたし、もちろん出芽酵母もすごく真剣に考えましたよ。だけど、ちょっとひょんなことで分裂酵母になった。まあそういうことだね。

平岡　そのひょんなことというのを聞いてもいいですか。

柳田　何にも問題ないよ（笑）。ひょんなことというのは、僕は全然知らなかったんですよ。当時、最初にグループをつくるときに、遺伝の得意な山本正幸さん（当時、東京大学医科学研究所）に「しばらく京都で仕事をしてくれる?」というので京大に来ていただいた。山本さんを手放すのを内田久雄先生は随分嫌がったんですけどね。

それで彼が来る前にいろいろ雑談をしたときに、「柳田さん、分裂酵母って知っている?」と言うので、知らないと言ったら、こういう論文がありますよと言って、ロイポルトとミチソンのレビューを二つ教えてくれた。それを読んだのよ。僕はそのことを何回か書いているけど、読んだその夜に、もう「これだ!」と衝動買いしたという感じ。でもね、随分クラミドモナスも調べたんですよ。それから出芽酵母はもちろんハートウェル（L. Hartwell）がすごくやっていましたから調べたけれど、これは分裂酵母がすごくおもしろいんじゃないかと思いました。それが一九七七年ぐらいかな。一夜の衝動買いですよ。

平岡　それは振り返って正しい選択をしたと思いますよね。

柳田　そうだよね。後で、ハートウェルからは何遍か「なんでお前は出芽酵母をやってくれなかったのか。株は全部あげたし、もう自分はやっていないからお前がやってくれたらすごくよかったんだけど」と言われたんですけどね。でも、僕は出芽という、ちっちゃな芽が出てくるあの仕組みがうまく頭に入らないんですよ。だから、大腸菌がでかくなったような感じの分裂酵母がすごく素直にわかりやすかった。そういうことです。

平岡　あのバクテリオファージの仕事で最もエレガントに思ったのは、遺伝的な欠損と構造欠損を対応づけたところですね。分裂酵母で染色体の研究を始めたときにも、その流れというのは引き継がれていると、僕は思って

図 9・1　吉野山への研究室ハイキング（1990 年ごろ）

いるのですが、それでいいですか。

柳田　うん。ただね、昨日もちょっとうちの若い人に言ったんだけど、自分は鳥取の砂丘ぐらいのところで一勝負しようかと思ったら実際にはゴビ砂漠の先端にいた。つまり、スタートしたときは問題の難しさ大きさはわからないんですよ。だから、割合に早くファージの形態形成みたいに精密にわかるようになるんじゃないかなと思ったんだけど、そういうことができるようになったのは本当にごくごく最近なんだよね。うちっていつも生化学の人を入れるんだけど、みんな苦闘したよね。今、**コンデンシン**（染色体の形成、分離に必要なタンパク質複合体）の仕事が、ものすごくおもしろくなってきてね、それこそ僕が昔ファージでやっていたことがそのまま利用できるような研究って、「なんや、もう三〇年かかっているな」と思う。この場で一応、昔いた生化学をやった学生さんには「苦労を掛けました」と謝罪しておかないといけないね（図 9・1）。

だから、ファージの試験管内での分子集合体反応のようなことが、三〇年以上かかってもまだできていないないということはよく感じますね。一人の人間がやろうとすれば五〇年かかるんじゃないですか。それぐらいに染色体の研究は難しいなと思っています。

平岡　でも、そういう理念のもとに最初は始めたわけで、やっぱり分子生物学というのは、テクノロジーの発展に伴ってだんだん仕事の流れが変わってきたのでしょうか。

柳田　結局、組換えＤＮＡは一九七五年から七七年ごろに出てきた学問で、僕なんかそれを聞いた瞬間に、ぜひそれをやりたいと思ったんですよね。理由は単純で、ＤＮＡの塩基配列を決めるということが、クローニングによって大腸菌以外のほかの生物でも容易にできる可能性が出てきたのがそのころでしょう。

バイオロジーの課題は昔も同じようにあるわけ。だけど、遺伝子の問題に入っていくのは、組換えＤＮＡの時代が来るのを待たなければいけなかったわけです。あなたがやった仕事、一九八四年に論文が出たよね。大体うちの研究室は早めに組換えＤＮＡを始めたけど、でもそれでも結果が出たのは現実には八〇年ごろですよ。それ以前というのは、いくらミュータント（突然変異体）がたくさんあっても何をやっているか全然アプローチできない。そういう点で言うと、生物の形態形成を遺伝的にやると言ったって、真核生物でできるようになったのは一九八〇年以降ですよ。ミュータントをたくさんとったハートウェルは一九六〇年代にもうやっていたんだけど、やっぱり遺伝子をいじれるようになったのは一九八〇年になってからだから、ある意味では非常に短い時間でここまで来ているとも言えるよね。

興味だけで研究するとしたら、本当にいろいろおもしろい問題があるんだけれど、こういう研究費の厳しいご時世だから、やりたくても資金があるかという問題のほうが、大きい問題になってしまっているという感じはしますよ。僕らがやっていたのは、時代の流れの必然みたいな感じで、簡単な生物のモデル系（ファージ）をより複雑な系（酵母）にもっていく。そのためのテクノロジーができてきたから興味に基づいてやりましょうというのだったけど、今はそんなじゃいけないから、「何の役に立つんですか」というところからスタートしなければいけないので、そこら辺が大変ですね。

島本　なんで染色体だったのかというところが、聞きたかったのですが。

柳田　僕が生物学者として一番尊敬していたのが、モノー（J. Monod）というオペロンをやった人とクリック（F. Crick）なんですよ。

クリックが遺伝子の分子生物学の最後にやった仕事は、染色体構造のヒエラルキーなんです。染色体というのはだんだん凝縮していって最後は一万倍ぐらいにコンパクトになる、という有名な論文ですよね。

もちろん、それは知っていましたよ。それで僕も染色体を非常にやりたかった。ファージをやったのは染色体のモデルだったから、学生のころから興味があったんですよ。だけど、プロとしてやろうと思ったのは、野心としては、遺伝的に染色体のコンパクション（凝縮）をやりたいということで、やっぱり本命は**染色体凝縮**だったんですよ。

分子生物学会の黎明期

平岡　では、初期の分子生物学会を設立されたころにどのようにかかわってきたのかという話をしていただけますか。

柳田　もう忘れちゃったね。ただ、言えることは、内田久雄先生なんかと非常に近かったんですね。富澤純一先生とか野村眞康さんなんかの仕事をすごく尊敬していたんです。分子生物学会ができるというときに、渡辺格さんだったわけですよ。渡辺さんというのは化学の出身なんです、物理化学なんですよ。もともとは分光学なんかやっていた先生で、話すことはよくわかるわけです。生物物理はあまり遺伝子じゃないんだよな。だから、最初に生物物理学会に行ったけれど、やっぱり分子生物学のほうがよくわかる。そっちに行きたい。

ただね、行っても「複製と転写をやる人間以外は分子生物学者じゃない」と聞こえてくるんだね、なんかひがみ根性でね。だから、「構造学派を忘れてもらっちゃ困る。わしらは構造学派なんや」というふうな言動で顰蹙を買いましたね。設立の総会のときも、わーっと手を挙げて、何を言ったのか覚えていないけど、ともあれ「構造は大事なんだ、わしらを忘れるな」というたぐいの言動をいろいろ吐き散らして、小川英行さんとか松原謙一さんが「しょうがないやつだな」と僕を睨んでいたのをよく覚えていますよ。そういう点で言えば、マイノリティーとして分子生物学会にいたんですが、でもまあ遺伝学を利用するのだから同じだと思っていましたよ。当時、分子遺伝学という言葉を使う人が随分増えてね、分子生物、分子遺伝という名前でひとくくりにしようという流れがあったんですよ。

その流れで言うと、分子生物とか分子遺伝ってテクノロジーでしょう。ま、言ってしまえば、生物学を分子的に研究するという方法論でしょう。だから、染色体をキャッチフレーズに、形態形成みたいな問題だって分子生物的にやるんだ、と。だけど、やっぱり転写、組換え、複製がメジャーだったな。今はどうなったの？　今の分子生物学会は何でもだよな。最初、まだ二五〇人ぐらいのときでしょう。「俺は学会のはぐれ猿みたいなもんやな」って、当時よく言っていた記憶がありますよ（図9・2）。

平岡　僕が知っている分子生物学会というのはものすごく小さい学会で（**柳田**　そうだよな）、僕が六年間日本を離れて、戻ってきたら巨大な学会になっていました。あれは何が起こったんですか。

柳田　お金でしょう。重点領域。あなたが六年アメリカにいた間にそんなに大きくなった？

平岡　ええ、なりましたよ。

柳田　分子生物学会が大きくなったのはね、分子生物学会はどんな服装でもいける。それから、学会的なヒエラルキーが当時非常に少なかった。参加している人たちは、学会の会費を払うのではなくて、年会の参加費を払って来るだけで、あとはかかわりをもちたくないという、それが大成功したんだと思いますね。

島本　僕はお金というよりも、分子生物学会の流れでずっと思っているのは、基本的なところ以外は、分子生物学会には生理学的にしっかりと定義立てできることはすごく少ない。だけど、そういう人たちも遺伝子というと

図9・2　第1回日本分子生物学会年会（1978）　特別講演 S. Brenner，渡辺格の垂れ幕も見える．柳田先生が渡辺先生の講演の座長を務めた．

ころでやり始めるというところがあったと思うんですけど、それはだいぶ後でしょうね。

柳田　だいぶ後かもしれない。だけど、僕はあなたの言うことは正しいと思う。遺伝子を釣ってシークエンスをした人はみんな来て発表しましたよ。遺伝子をクローニングしてシークエンスしたら、意気揚々とその遺伝子の背景にあるバイオロジーを、学会発表の半分ぐらい使って話をして、「この遺伝子はこんなものでしたよ」というので、短期間でものすごく幅が広がって、本当にどんどんみんな遺伝子、遺伝子という感じでした。

島本　それはありましたね。

柳田　だから、もともとの話は農芸化学会とか、植物生理学会とか、癌学会でしゃべるけど、遺伝子の釣ったところのその部分の話は分子生物学会で発表するということで、一挙に指数関数的に増えたという流れはあったと思います。

僕が遺伝子の話を発表したのは一九八三年ぐらいから。そこから先はずっと遺伝子の話ばっかりやっているからね。もう二七年ぐらいほとんど遺伝子で来ているわけだ。遺伝学に基礎をおいた学会が、遺伝子ならなんでもしゃべれる最初の学会になったのが拡大の理由ですかね。

世界のなかで

平岡　研究を続ける中で、競争とか共同研究とかいろいろな関係があったと思いますが、競争相手とはどのような丁々発止がありましたか。

柳田　ああ、誰だっけね。なんか見えない人と競争していたよね。あとになってわかったんだけど、最初はわからなかったね。まあ、きみとかが学生の終わりのころは、「セル」とか「ネイチャー」あたりに論文が出るようになって、最初はすすっと通ったけど、二度目ぐらいから結構きつくなって、ものすごく厳しい見方をされたよな。

　でも、たとえば、トポイソメラーゼなんか非常にラッキーで、上村　匡君がやった仕事だけど、大ボスのワン（J. Wang）さんが随分好意的に扱ってくれて、論文なんか随分すんなりと発表できたような記憶があるね。いっとき、微小管関係はカーシュナ（M. Kirschner）とかミチソン（T. Mitchison）とかにいったわけだけど、僕は根本的には非常にフレンドリーだったと思いますよ。本当にコンペティティブになったのはもうちょっと先に行ってからじゃないかな。九〇年代に入ってから。

平岡　セキュリンとかですか。

柳田　セキュリンとか関連について僕らもいろいろ辟易しましたよ。こんなことを言ってもいいのかな、競合する人たちが自分のカラーでみんな塗ってしまうんです。ものすごくきれいに塗るんですよ。そのピクチャーにみんながはーっと感心すると、それ以前の仕事ってなんだかもう全部なかったかのような雰囲気になっちゃうんだよね。研究の歴史というのは本当にフェアーに見てもらいたいですね。わたくしは今でもバトルさせられてるような気がします。もう忘れたいんですが。

平岡　プロテインホスファターゼのときは。

柳田　ホスファターゼはよかったんです。プロテインホスファターゼは大倉博之君の仕事だよね。モリス（R. Morris）の話のあとに僕も話をして、「これはわからないタンパクですけど、ものすごくおもしろいんです」と言って、それから二カ月後に、彼がやっているのと生物種は違うけれど、プロテインホスファターゼという同じものだというのがわかったということでね。それから、猛勉強したんです。

ホスファターゼは今でもわかっていないじゃないですか。まともにできるようになったのはやっと最近で、二〇〇〇年のころにはほとんどやっていなかったですね。だけど、非常におもしろかったですよ。だから、業績的にはちゃんと残ると思うけど、論理的に仕事を進めることのあまりの大変さに、ちょっと続かなかったというのが正直なところかな。今だってとても難しいですよね。

セントロメア、**動原体キネトコア**の構造と機能の研究はある意味ラボ内でいちばんうまくいった一連の研究だった。米国などの指導的研究者たちに無視されて苦しんだ時期もあったが、最終的には業績的にもしっかり残るようなかたちとなったのは、ごく初期の丹羽修身、松本智裕、中世古幸信、近重裕次、村上 伸、高橋考太などの諸氏の奮闘による圧倒的な強さと正確さをもった基盤づくりがあったからだ。

分裂する仕組みから分裂しない仕組みへ

平岡　細胞が分裂する仕組みを長年研究してきましたが、最近、細胞が分裂しない仕組みをやっていますね。その辺りの流れを少しお願いします。

柳田　僕は定年間近になって、「定年後、俺はいったいどうするんだ。どうしても定年後もどこかで研究したい」

なりとその世界のこともできるようになった。

印で始めたわけ。それが思いの外おもしろくなって、今はもう六年目に入っていて、自分としては驚くほどすん胞をやっていたけど、まったく増えない細胞がいかに維持されて、どういう遺伝子がかかわるかをやるという旗いというので、例のG_0細胞をプロジェクトにしたんですよ。そうしたら運よくあたった。何しろ今まで増える細か何かで染色体の研究をしていたわけね。それで一〇〇％関係がないというプロジェクトを出さなければいけなといったときに、沖縄のオープンコンペティションの研究に応募したんですよ。でも、そのときは僕は特別推進

島本　二回新しい領域をつくった人は、日本ではあまり多くないと思うんです。日本というのは同じことをやって、人の領域に手を出すなとか、そういう世界じゃないですか。一つ目は、多分、ファージの形態形成の構造生物でガチッとつかんでいるものがあれば、染色体でいけるだろうと思われたのかなと思うんですけど。そこにあるのは自信ですよね。次のときはどのぐらい自信があったのかというところが、聞きたいですね。

柳田　島本さん、あなたの指摘は非常に正確にとらえていると思う。今、台湾にいるスー（S. Su）さんという人が、こんな実験をしたの。分裂酵母って、窒素源が枯渇すると二回分裂して細胞は丸くなるんですよ。それから減数分裂に入る。だけど、減数分裂に入らないでそこにいることもできるわけ。その状態で、窒素源がなく、グルコースのある培地を替えていれば半年でも生きていますよという論文を一九九六年かに出した。

それを読んだ人で「クロマチンをやらせてくれないか」と言った人がいたんだけど、僕はクロマチンをやりたくなかったの。僕は、増えないで半年もいられるのは不思議だなという感じはもっていたんですけど、クロマチンで問題が解けるとは全然思わなかった。どういうふうに解けるかというので、そのコンペティションに応募するときに、網羅的にミュータントをチェックして、メンテナンスのできないような遺伝子を全部チェックしようと提案した。

そのころすでに千株ぐらいのミュータントを全部スクリーニングするということをやっていたので、かなり自

信があったんですよ。だから、どんな遺伝子にぶち当たるかわからないけれども、とりあえず、分裂しない細胞が生存性を失うようなミューテーションを得るまでは簡単だな、と思っていた。そういうスクリーニングは絶対にできるので、クロマチンよりはむしろ細胞周期と結び付けられないかなという野心がありましたね。

今は老化の問題に興味があって、病院の先生と共同研究しようと思っているけど、全部ポンベ（分裂酵母）から始まっているんだよね。僕はもうポンベしかやらないで、ポンベでおもしろい遺伝子が見つかって、ヒトでもあればヒトでやったことは何遍かあるけれど、最初からヒトをやる気はまったくないんです。今も、実はメタボロームというものにものすごく入れ込んでいるんですよ。もう三年ぐらい、メタボロームというのかな、ケミカルバイオロジーというか、そういうケミカルコンパウンド、メタボリックなコンパウンドを使ってバイオロジーをやる。まだ論文は一つしか出していませんけど、いろいろ出てきているんですよ。

だから、今は分裂しない細胞をメタボリックコンパウンドで理解したいなと思っているんです。長年やってきた遺伝子で説明するというのはちょっと置いておいて、むしろメタボリックコンパウンドのレベルでなんで細胞が止まっているのか、バイオロジーの難しい問題を説明できないかと思っています。これは僕にとって一番のチャレンジ。晩年はそういう絵を描きたいという感じです。

島本　そうですよね。それとテクノロジーもメタボロームも何でもその手のことは全部出てきていますよね。だから、ちょうどその辺をうまくミックスしてという感じはするんですけど。

柳田　もちろん、今も癌は大事だけど、やっぱり糖尿病とか生活習慣病とか寿命とか肥満とかね。ある意味で、長生きするというのは人類にとって未曾有の経験ですよね。女性の平均年齢はもう間もなく九〇歳に到達しますからね。だから、そういう点でもそれに合わせたものを考えないといけないかなとは思っていますけどね。

これからの生命科学

平岡 そういう社会の要請みたいな話が出てきましたが、これからの生物科学研究のあり方について。

柳田 僕は、「分子生物」とか「分子遺伝」といったのをある時点から「生命科学」というようになったんですよね。僕は京大に生命科学研究科をつくるときの主立った先生たちのうちの一人だったんです。生命科学研究科をつくるときの僕自身の理論武装としては、「好奇心に基づいた素晴らしい研究をするのが生物学である。人類の幸福に役立つような研究を生命科学とよびたい。生命科学というのは、知って役に立つ知識なので、国民全部が知ってほしい。だから、生命科学は修身とか道徳とか算数といったものと同じように小学校四年ぐらいで教えてほしい」と言ったの。

だから、中学や高校に出かけていって講義をしようかという気持ちはすごくあります。一番のポイントは性教育や道徳の教育の前に生命科学を教えたい。その生命科学の根本は何かというと、知っておいて役に立つということ。感染症というものを理解するとかね、男と女があるとか、ゲノムの話とか、いろいろなことがあると思うんだ。僕の頭にある社会に役立つというコンセプトは、生命科学という言葉に象徴されているかなと思っているんですけどね。ずっと興味本位にやってきたから、役に立つことをやりたい。願望ですよ。

島本 非常におもしろく聞かせていただいて、何かこの本の締めがどういう感じになるのかと期待しているんですけど。

柳田 僕ね、もう一つ日本の分子生物の最大の課題の一つは、やっぱり女性研究者を育てることだと思う。でも、それは言うは易く行うは難いので、ともあれ僕は残された期間に女性研究者が自分の周辺にいたら、彼らをどう育てるのがいいのか、何かできることがあったらしたいなといつも思っている。それはね、外から見る目が、女性研究者のいない国は今は非常にまずいと感じたんですよ。

問題は、学生、ポスドクまでは女性が多いんだけど、その次からが減っていくの。だから、女性は研究社会に

図9・3　百万遍をバックに　右から柳田，平岡，島本．

おいても日本社会においてもポリティクスを学ぶ機会が少ないので、女性指導者を育てるということはものすごく重要ですね。いかに育てるか。

平岡　どうしていいかわからない。どうしたら社会がそうなるかというのは難しい。

柳田　やっぱり女性には男性と同様の競争があるべきだし、フェアな扱いさえされていればそれでいいので、母集団が多ければ自然にいい人が出てくる。母集団が少なければ絶対に駄目ですよ。だから、母集団がある程度いたら、あとはフェアなコンペティションをやってもらえばいい。

ただね、女性はやっぱり子どもを生んだりいろいろあるから、長期的に見てやらないといけない。その点はハンディキャップがあると思うんだけど、一般的には日本の今の最大の課題の一つは、有力な女性研究者が少なすぎるからなんとかしないと、という感じかな。

じゃあ、そういうところで、写真をちょっと撮ります？　写真は百万遍を後ろにしない？（図9・3）

10

竹市雅俊

聞き手　平田たつみ
同席委員　入江賢児

理化学研究所発生・再生科学総合研究センター長　竹市雅俊博士は、カドヘリンの発見者であり、いまなお研究の一線で活躍されつづけている。カドヘリン発見の秘話から今後の研究の抱負に至るまで、楽しいお話をたくさん聞かせていただいた。

竹市雅俊（たけいち　まさとし）　理学博士（京都大学、一九七三年）

京都大学名誉教授

一九四三年一一月二七日　名古屋市に生まれる
一九六六年　名古屋大学理学部生物学科　卒業
一九六九年　名古屋大学大学院理学研究科博士課程　退学
一九七〇年　京都大学理学部生物物理学教室　助手
一九七八年　同　助教授
一九八六年　同　教授
一九九二年　基礎生物学研究所　客員教授
一九九九年　京都大学大学院生命科学研究科　教授
二〇〇〇年　理化学研究所　発生・再生科学総合研究センター　センター長

日本分子生物学会：評議員（第14期）、理事（第15期）

趣味の延長の発生生物学

平田　竹市先生といってまず思い浮かぶのが「生物好き」ですが……。

竹市　ええ、生物がなんでも好きです。ただし、野生や自然の生物が好きなのであって、ペットのようなものに関心はないです。「生物学」の道に進むかどうかは相当悩みました。結局は自分が好きなことをやるのがいいだろうと思って、分岐点で「学」の付くほうに行くことを決めたのですけどね。申し訳ないけど趣味の延長。

平田　「生物好き」は研究にも活かされていると思われますか？

竹市　活かされているはずです。「生物好き」は、生物を見るセンスを自然に養っていると思うんです。生物に対する好奇心が強く、常に関心をもっているから、生物の観察における感度がよいかも。生物好きは大体顕微鏡を見るのが好き。そこで何を発見するか、生物が好きな人とそうじゃない人とで、何らかの違いが出るでしょうね。私が発生生物学の分野を選んだのは、目で見る楽しさがあるからだったと思う。

細胞接着との出会い

大学院生だった竹市氏は、当時研究を行っていた京都大学 岡田節人研究室で、細胞接着に出会う。

竹市　当時一九六〇年代の終わりぐらいまでに、たくさんの人が細胞接着の研究をやっていました。海綿の細胞を一つ一つばらばらにほぐしても、もう一回くっつくという現象は、一九〇〇年代初頭にすでに示されていました。一九三〇～四〇年代には、タンパク質分解酵素トリプシンで組織片を処理すると、細胞を解離できることがわかり、五〇年代には、トリプシンでばらばらにした細胞を組織まで再構築できるなど、この研究分野には長い歴史があります。だから、みんな関心をもっていた。しかし、どういうふうにして細胞が接着するのかは、結局わかっていなかった。ものすごくいろいろな議論があったけれども、結論はでていなかった。

そういう中で、僕がたまたま見つけたのは、細胞接着において、カルシウムとマグネシウムが違う役割をもっているということです。二価陽イオンが細胞の接着に要るということは、当時でもわかっていました。二価陽イオンといっても、生理的にはマグネシウムとカルシウムと二つがあって、ごちゃまぜに議論されていた。けれども、きちっと解析してみたら、細胞の接着には二種類あって、マグネシウムは細胞と培養皿との接着に必要で、カルシウムは細胞同士の接着に要るということがわかりました。

平田 その後、留学されたわけですね。

竹市 この結果から、細胞の接着といってもいろいろあるな、というところまでわかりましたが、それ以上、手の付けようがなかった。研究に壁ができてしまってそれ以上進めない。そこで、アメリカのボルチモアにあるカーネギー研究所に留学でもするかということになりました。それで、細胞とリポソームの相互作用をやっているパガノ（R. E. Pagano）博士の研究室に行くことにしました。細胞と細胞の接着の問題というのは生物同士だからなかなか操作が難しいけど、片方を人工的な脂質膜であるリポソームにすれば、いろいろと操作が可能なので、接着の仕組みがより深く探れるかもしれないでしょう？　おもしろいかなと思って留学先を決めました。

偶然からの発見

その留学先で、当初の実験計画とはまったく関係ない形で、生涯にわたり関わり続けることになるカドヘリンに遭遇する。

竹市 留学先の研究室にチャイニーズハムスター由来V79という細胞があった。その細胞を使っていろいろ実験しているときに、妙なことに気づきました。トリプシンでばらばらにした細胞が全然再接着しない。京都では、細胞株でも組織細胞でもトリプシンでばらばらにした後、カルシウムを与えれば必ず再集合する現象をみていました。ところが、カーネギー研究所ではどういうわけか細胞が再集合しない。これは何かおかしいじゃないか、と思ったのです。

細胞の種類が違うから違うのかな？　とか、いろいろあるでしょう。でも細胞を変えてもやはりくっつかない。そうすると、トリプシン液がおかしいに違いないと思った。トリプシン液はカーネギー研究所では自分ではつくらなくて、用意してくれたものを使う。その用意されたトリプシン液と、僕が京都でつくっていたものとの唯一の違いは、前者には二価陽イオンのキレート剤ＥＤＴＡが入れてあったということです。この違いの影響を確認するために、まずはトリプシン液からＥＤＴＡを抜くことから始め、さらには、除去されているはずのカルシウムやマグネシウムをトリプシン溶液にわざと加えたらどうなるか、ということを試したんです。

その結果わかったのは、ＥＤＴＡとトリプシンを同時に作用させたとき、つまりカルシウムがない状態でトリプシンが働くと、カルシウム依存の細胞接着システムが不可逆的に分解されてしまうということだった。この処理を行った細胞は、後でカルシウムを加えても、もう二度と接着しない。その一方で、カルシウムのある状態でトリプシンを作用させた場合は、カルシウム依存の細胞接着システムはなぜか保護されて分解を免れ、細胞はいったんはばらばらになるものの、カルシウムを加えると再接着できる。その後、同じ細胞にカルシウム非依存の細胞接着システムも存在することがわかった。

竹市　細胞接着現象って、それまで大雑把に語られてきたけれども、カルシウムに依存するもの、しないものがあることまでわかった。その二つの違いは何かということですが、できた集合体を見ると形態がまったく違う。カルシウム非依存の接着で集合した細胞は丸いままゆるくくっついているけれども（図10・1ｂ）、カルシウム依存の接着ではぎゅっとくっつくんですよ（図10・1ａ）。しかも前者は温度非依存で、後者は温度依存。そう

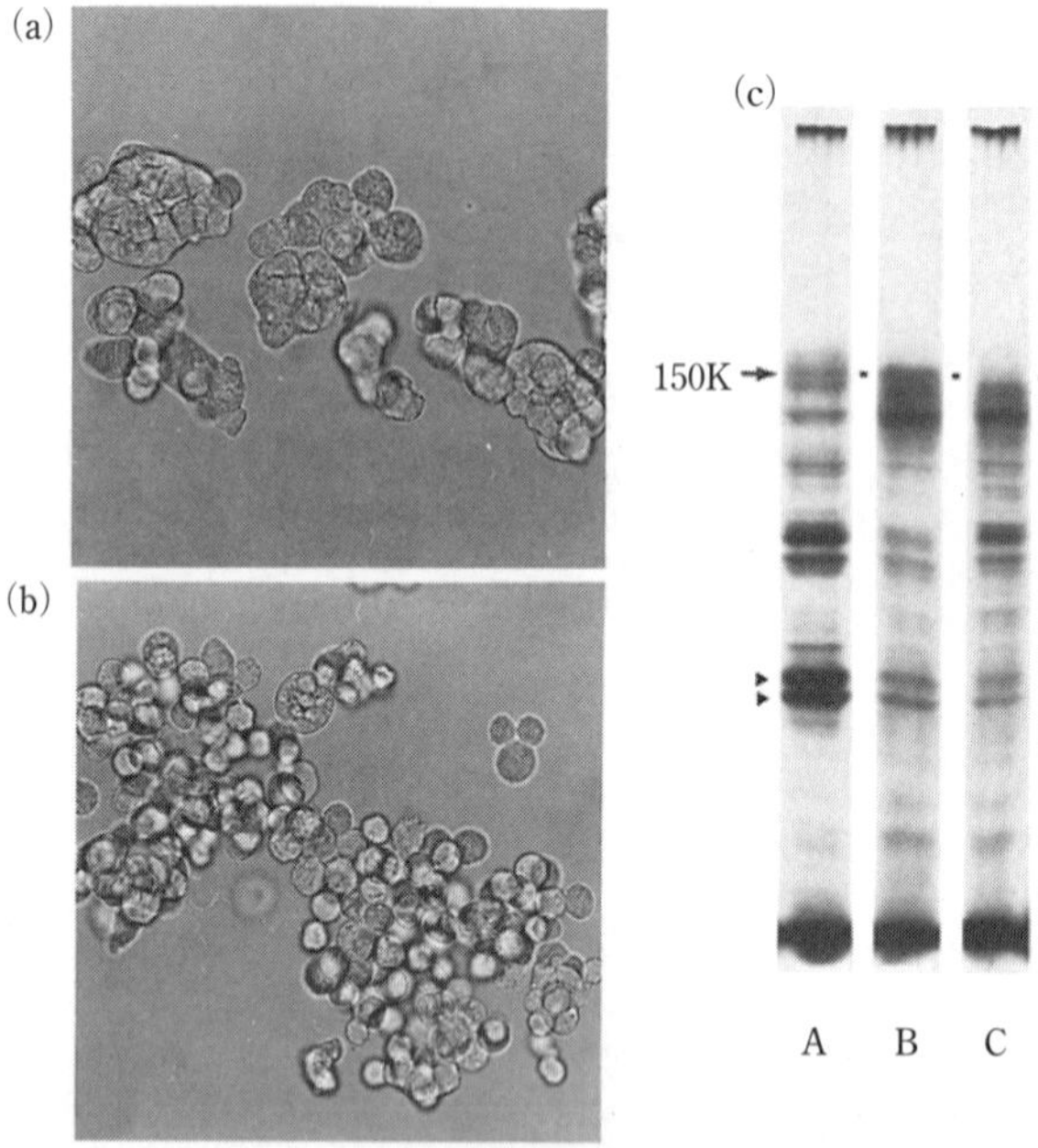

図 10・1　(a) カルシウム依存接着と (b) カルシウム非依存接着. (c) カルシウム依存接着を担う分子の候補　150K タンパク質は，カルシウム依存接着能がある細胞 (A, B) だけに検出される (文献 1 より).

すると、カルシウム依存の接着のほうが、より生理的で大事だというのが想像できるでしょう?

平田　見た目で重要性を判断できたというのは、やはり目が利くといいますか、だれもができることではないと感じます。たとえば、細胞塊の数を計測しただけでは、接着力に大差はないですよね。統計データからはわからない重要性を、見た目から判断できたというのは……。

竹市　それが生物好きのいいところだと思うんです。カルシウムがあるときにぴたっとくっついて、ないときにゆるくくっつく。直感的に、「ぴたっ」こそが真の接着だと思うわけ。統計処理より目の方が鋭敏です。

信念で捕まえた接着分子カドヘリンの横顔

カルシウム依存の接着はいかにも大事そうだ。これこそきっと大事な接着分子であることをその時点で確信した。ここまでは留学してから数カ月間の出来事。その後の二年間、とにかくその分子的な基盤を探しまくった。

竹市 カルシウム入りトリプシンで処理した細胞にはあって、EDTA入りトリプシンで処理すると消えてしまう接着分子が絶対にあるわけでしょう。しかし、その分子的証拠を得ないと、世の中では信用されません。その後は苦労が続きます。細胞の全タンパク質を電気泳動したって、微量の差が見つかるはずはありません。そこで、細胞表面に露出したタンパク質だけをヨード125で標識して検出する方法を使いました。その方法で細胞表面のタンパク質だけを比較すると、一つだけ違うバンドがあった（図10・1c）。

平田 これは苦労されたんですか。かなりきれいですが。

竹市 これを見つけるのに半年かかりました。最初はやってもやっても全然差なんかなかったのです。このヨード標識というのは細胞表面タンパク質のチロシン残基にヨードがくっつく反応なんだけど、差が見つからない状態がずっと続いた。それまで、ヨード標識反応をカルシウムのある状態でやっていたんです。そしてある時、ふと気づいて、カルシウムのない状態でヨード標識をやってみた。カルシウムの有無でトリプシンに対する感受性が異なるタンパク質ならば、もしかすると、カルシウムの有無でヨード標識の感受性も違うかもしれないと思って。そしたら、うまくいったんですよ。「ああ、うれしい」です。つまり、カルシウムがあるとトリプシン分解から免れるだけでなく、ヨード標識反応からも免れるタンパク質だったわけです。だから、この分子はカルシウムイオンによって構造を変えているに違いないと確信しました。

平田 この実験がうまくいかなかったとき、諦めることは考えなかったのですか？ 当時の技術では少量すぎて検出できない可能性もあったわけですよね？

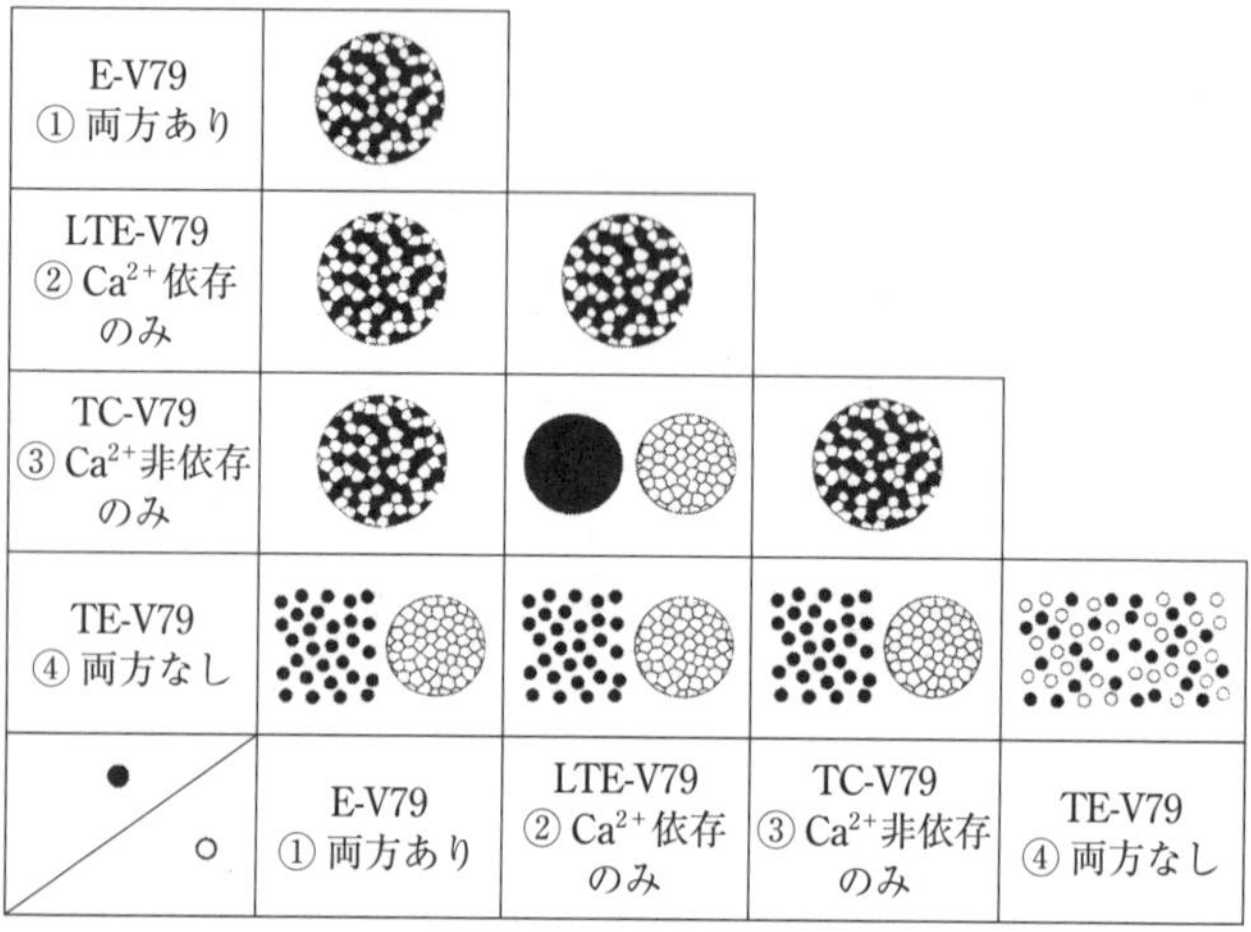

図 10・2　Ca^{2+}依存性接着システム，Ca^{2+}非依存接着システムをもつ細胞の組合わせによる接着パターン　① 両方とももつ，②，③ どちらか一方をもつ，④ 両方もたない，の 4 種類の細胞を混合したときの接着パターン．同じシステム同士は接着する（文献 2 より）．

竹市　絶対にできると信じていました。あまりにも現象が明快ですから。生物現象として差があるなら、タンパク質レベルでも絶対に差がある。その確信は強かったから、何かの方法でかならず見つかるはずだ、と。

平田　そして、ついに、タンパク質を一つ見つけた。

竹市　ただ、ここまでは相関を見ただけで、因果関係は示していない。カルシウム依存接着ができる細胞にはあって、できない細胞にはないタンパク質だというだけ。だから、この論文のレビューアーの評価は当然よくありませんでした。でも、かろうじてアクセプトされた（文献1）。つぎは、このタンパク質が本当にカルシウム依存接着を担うことを証明する必要があるわけです。そして、当時、分子の関与を証明できる唯一の方法は阻害抗体をつくることだったのです。

　カーネギーにいるときから、V79細胞をウサギに注射し始めたんだけど、阻害抗体が一切できない。二年間の留学という約束なので、この段階で京大に戻り、岡田先生にこれを是非とも続けたいとお願いしました。

仮説どおりの明快な接着機構

そのころに行われたというお気に入りの研究を一つ紹介してもらった（文献2）。トリプシンとＥＤＴＡの処理条件をいろいろ工夫すると、カルシウム依存と非依存の両方のシステムをもつ細胞、どちらか片方だけをもつ細胞、そして両方とももたない細胞の四種類をつくることができる（図10・2）。これらをいろいろな組合わせで混合すると、仮説どおりの極めて明快な反応が得られるのである。同じ接着システムをもつ細胞同士は混ざる。カルシウム依存だけ、非依存だけの接着システムをもつ細胞は、お互いに分かれて別々の集合体をつくる。両方ともない細胞は決してくっつかない。

竹市　生物学にはいろいろなスタイルがある。生物好きの人間は観察だけに熱中してしまうことが多いけど、僕はわりとモデル好きで、まずモデルをつくってそれを検証するというスタイル。もちろん期待どおりにならないことが大部分ですから、モデルが当たったときは非常にうれしいです。ハイインパクトジャーナルに掲載されたわけではないけど、これも僕にとっては大事な論文の一つです。

ついにカドヘリン分子を捕まえる

こうやって、細胞接着分子の存在はますます現実味を増してゆくが、肝心の本体はなかなか捕まらない。いくら細胞をウサギに注射しても、カルシウム依存の細胞接着を阻害する抗体はできない……。

竹市　当時、テラトカルシノーマ由来のF9細胞に対する抗血清を八細胞期のマウス胚に与えると、胚のコンパクションが阻害されるという論文がでた。それを見て、これは似ているなと思った。コンパクションというのは、細胞がピタッとくっついて胚がコンパクトになる現象で、カルシウム依存で起こる。で、きっとこれに違いないと思って、V79細胞をやめて、F9細胞をウサギに注射したら、細胞接着を阻害する抗血清がついにできた。で、あとは、その抗血清の接着阻害活性を吸収できるタンパク質を分画して調べていくだけ。接着阻害活性を中和できるタンパク質が見つかれば、それが細胞接着システムの実体であるといえるのです。そして最終的に、最初に見つけたカルシウム依存的にトリプシンで分解されるタンパク質が、接着阻害活性を中和することがわかった。それが一九八二年に論文になって、一応それが僕にとっての最初の分子的同定だということにしています（文献3）。

入江　それまで培養細胞で研究されていて、八細胞期のマウス胚のコンパクションと同じような現象だと気づかれるというのは、先生にとっては普通なことなのでしょうか。

竹市　ええ。岡田研究室では、当時、哺乳類発生学の勉強がブームで、マウス初期発生に関する情報は豊富でした。岡田研の主要テーマは細胞分化だったので、自分の研究とは直接関係ない知識も必然的に得られました。多様な知識を得ることのできる環境は大切です。

モノクローナル抗体の時代が到来し、今度は細胞をラットに注射して、モノクローナル抗体をつくった。接着阻害スクリーニングをして、運よく接着を阻害する活性のあるものを見つけた。その抗原が、現在のEカドヘリンである。

カドヘリンファミリー誕生

いろんな細胞を調べてみると、多くの細胞が同じようなカルシウム依存の接着の性質をもっている。しかし、それらの細胞同士が、必ずしもくっつくわけじゃない。必然的に、似ているけど違う接着分子があるなと思った。

竹市　八田公平さんが大学院生として来たとき、「神経には絶対に違うのがある。神経のカドヘリンがあるから同定しましょう」と言って、彼に任せたわけ。脳組織をラットに注射する。そうしてつくったモノクローナル抗体を、脳細胞を培養してできたコロニーに与えると、細胞がほぐれるんです。「これぞもう一つのカドヘリンに違いない」と思ったわけです。そして神経（Neuron）型として**Nカドヘリン**と名付け、前に見つけたのは上皮型（Epithelium）、**Eカドヘリン**とした（文献4）。

この発見以降、カドヘリンと体の構成について、ある種のコンセプトを打ち出すことができた。体の中にいろいろな組織があるでしょう。Eカドヘリンの分布を調べていくと上皮全部にある（図10・3）。体を構成する上皮はトポロジカルに連続体で、全部の上皮組織がEカドヘリンによってつながっている。Nカドヘリンのほうは、上皮から分離された神経とか筋肉にある。血管内皮は、破線で描いてあるでしょう。どちらのカドヘリンもみつからなかったから。これは後に、VEカドヘリンというカドヘリンをつくっていることが証明されました。つまり、お互いが接触し合わない組織は、別のカドヘリンを使って集合体をつくるというコンセプトです。現在の知見によれば、これは厳密には正しくないですが、カ

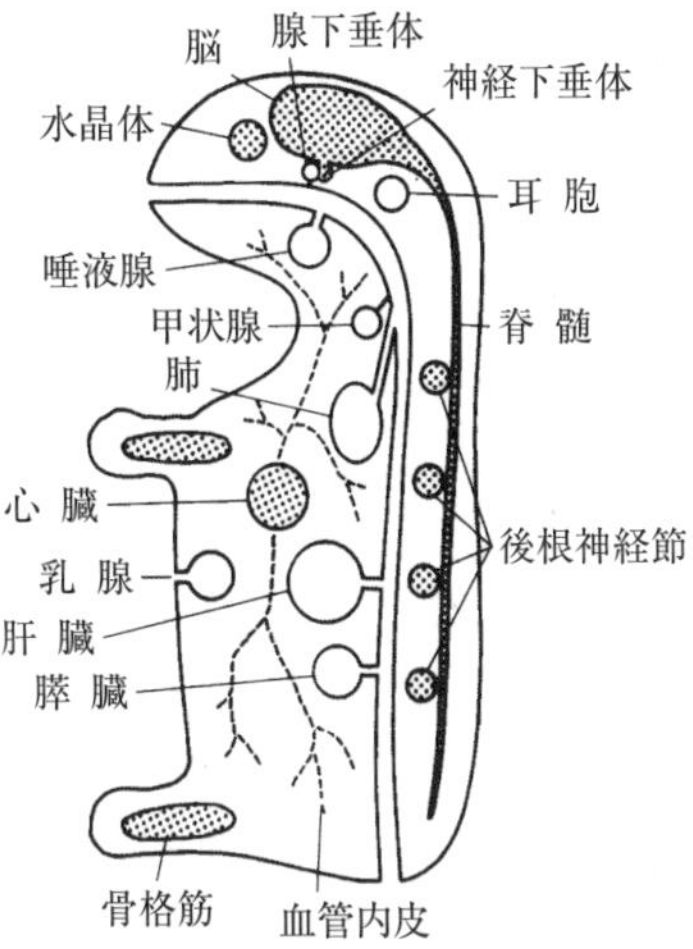

図10・3　Eカドヘリン(白)**とNカドヘリン**(網)**の組織分布**（文献4）

ドヘリンによって組織が仕分けされるという新コンセプトには興奮しました。

平田　カドヘリンスーパーファミリーは実際には一〇〇種類以上あるそうですが、当時は、何種類ぐらいあると思われていたのですか。

竹市　まだそこまで予想できなかった。Eカドヘリン、Nカドヘリンと似た名前をつけていたけれども、実は、その段階では、同じ系統の分子かどうか、本当はわからなかった。構造がわかってなかったから。

それで、もう一つ大事な論文があります（文献5）。いよいよタンパクを精製したんです、Eカドヘリンと、Nカドヘリンと。ただ、完全長の分子を精製するのは難しいから、トリプシンで処理して短くした断片を精製するんですがね。で、精製して、N末断片の八つのアミノ酸配列を決めたら、EカドヘリンとNカドヘリンとが類似分子であることがわかった。ここで初めて、Eカドヘリン、Nカドヘリンという命名法は間違ってなかったことが確認されました。カドヘリンがファミリーをつくっているということの初めての証拠です。これもどきどきした瞬間でした。

そのあとクローニング時代に入って、Eカドヘリンの遺伝子をクローニングして一次構造がわかり、さらに、この遺伝子を発現させた細胞同士が接着するということを示して、めでたしめでたし（文献6）。

熾烈な国際的競争

竹市　研究は極めてコンペティティブだったんです。細胞接着阻害抗体は同時期に複数ラボで見つかっていました。ヨーロッパとアメリカで計5グループくらい。特に、エーデルマン（G. M. Edelman）のグループは強力で、L-CAMというトリのEカドヘリンに相当する分子の阻害抗体を見つけるなど、PNAS（*Proc. Natl. Acad. Sci., U.S.A.*）にどんどん論文が出ました。結果として、Eカドヘリンには別名がついており（uvomorulin、L-CAM）、NカドヘリンにはA-CAMという過去の名称があります。でも、最終的に、カドヘリンという名前が残ったのは、私達が機能を適確に、かつ、システマティックに捉え、また、ファミリーであることをきっちりと証明し、その命名法がリーズナブルだからだと思います。

平田　実際に、競っているときにはどんな感じでしたか。

竹市　新しい雑誌を見るのが怖かったです。先にやられたらどうしようと。ただ、自分たちが先行しているという自負があったように記憶しています。

平田　このころエーデルマンは、一種類の接着分子でも、いろんな翻訳後修飾を受けて接着活性を変化させることで、複雑な細胞接着現象、発生現象が説明できるような説を展開していましたよね。それに対して、竹市先生のほうは早くから、組織ごとに異なる複数種のカドヘリンを想定されていて、ファミリーというコンセプトを考えてらっしゃった。対照的でおもしろいなと思います。

竹市　エーデルマンは、ちょっとのことでたくさんのことを説明しようとしたから無理がありました。

平田　カドヘリンが有名になって、いろいろな人が飛びつきますよね。たくさん研究者が参入してきたときに、どんなふうに舵とりをされたのでしょうか？

竹市　カドヘリンにたくさんの研究者が参入してきたのは、わりと最近なんです。カドヘリンによる接着、つまり細胞と細胞の接着というのは独特の世界で、これを研究するにはそれなりの工夫がいる。抗体などの道具がないと顕微鏡では見えないし。最近でこそ学会などでカドヘリンに関する話題が増えたけれど、そうなるまでにすごい時間がかかっている。だから、自分たちとしては一番大事なことはやり終わっているという感じで、たいして気にすることはなかったです。一方、カドヘリン研究が増えるにつれ、自分たちが気づかなかった新しい問題がどんどんでてきて、大いに勉強になります。そういうのはカドヘリンの世界を発展させてくれるわけだから、うれしいことです。

これからの時代

平田　首尾一貫してカドヘリンの研究を続けてこられた印象ですが、カドヘリンの研究以外に目移りされたことはなかったのでしょうか？

竹市　カドヘリンの研究も、もうやることはないなと思ったことはしょっちゅうありますよ。それで、他の事をやろうとしたこともあったけど、それほどうまくいかなかった。そうこうするうち、またカドヘリンに新しい問題がでてくる。問題が深いです。結局はカドヘリンから抜けられませんでした。自分のラボからできるだけユニークな研究成果を出し続けるためには、実績の基盤の上に乗っていけば強いでしょう。これは、同時に、コンサバの（保守的な）部分でもありますが。

平田　まだ現役で研究をされてらっしゃいますが、この先やりたいこととはなんでしょうか。

竹市　「釣りは鮒釣りに始まり鮒釣りに終わる」というように、現在の主要テーマの一つは、接着制御の問題です。カドヘリンの調節は思ったよりもずっと複雑。カドヘリンというタンパク質だけが単純に接着しているのではなくて、いろんなタンパク質が集まって、非常に複雑な接着装置をつくっています。その複合体の全貌を解明したいです。それと、その接着装置が、たとえば癌の転移や形態形成に関係していることは確実なので、そこのところを見極めたい。テクノロジーが進んだから、今までやりたくてもできなかったことが、どんどんできるようになった。質量分析の技術が進んで、カドヘリンの結合分子がどんどん同定でき、この方面の研究は非常にやりやすくなりました。かつ、ノックダウン技術のおかげで、分子の機能をぱっぱっと調べることができるでしょう。それとライブイメージングのすばらしい進歩。最近、自分の研究史の中で二番目のピークかなあと感じるほどです。

平田　ではもし生まれ変わって、今からまったく新しい研究を始めるとしたらどんな分野の研究をされますか。

竹市　やっぱり細胞の合成です。人工細胞。今までわれわれがやってきたことは分解しているだけですよね。生物学が応用になかなか結び付けないのは、何も作り出していないからです。工学分野では物を作るでしょう。新製品を発明、開発できる。生物学はそれができないものね。合成生物学は倫理問題を問われますが、純学問的見地からだけいえば、やっぱり作っていくというのが一番の基本です。すでに、人工遺伝子から生命体を作る研究がありますが、これは遺伝情報を与えてやってあとは細胞に任せるわけでしょう。そうじゃなくて、タンパク質をいろいろ組合わせて生命体の部品を作るというのが一番おもしろいかなと思うんだけど。

平田　予想外でおもしろい答えでした。私は考えたことがなかったです。

竹市　もう少し身近なところでは、神経回路形成と神経の病気の関係。自閉症とか神経回路疾患の原因究明は非常にやりがいのある社会的にも重要な問題ですね。シナプスの機能にカドヘリンが関与することを明らかにしたのですが、その生理的役割の研究が未完のままのため思いつきました。あと、神経関係でいえば、「先天的行動」の遺伝の仕組み解明は最高におもしろいテーマだと思っています。

将来の研究者たちへ

平田　今の研究者の現状をどうご覧になっていますか?

竹市　これはなかなか複雑な問題ですね。

平田　昔も大変だったわけですよね。就職先がなくて。それに比べて今というのはもっと悪い感じがしますか?

竹市　しますね。でも僕はわりと自己責任型だから、「社会がどうだからあかん」というふうには考えないです。社会がこうだから、何々ができないという言い方をすぐにしがちだけれど、自分がどういう方向に行ったら伸びるのかをよく見極めて、適切な道を選べば何とでもなるんじゃないかと思うけど。

平田　では、基礎研究の分野で成功するためには、どんな適性や能力が必要でしょうか?

竹市　目の前で起こるいろいろなことから、おもしろいもの、他の人が気づかないような重要問題を即座に抽出する力ですね。その能力の高い人が大発見するのだと思う。常識的なものの見方をしているとこれができない。それと、意外性に対する感度が大切。たとえば、実験の結果が期待どおりでなかったとき、関係ないと思って無視してしまいがちだけど、実は、そこに予想しなかった秘密が暴露されていることがありますね。それに気づくかどうか。また、その感度は、当該の問題についてどれくらい深く考えているかどうかに依存すると思います。結局、日頃の集中力が大切です。

平田　大発見は、最初から意図したものではなく予想外の結果から拾い出すものであって、そのための準備を怠るなということですね。

参考文献

（1）Takeichi, M. (1977), Functional correlation between cell adhesive properties and some cell surface proteins, *J. Cell Biol.*, **75**, 464～474.

（2）Takeichi, M., Ozaki, H. S., Tokunaga, K., Okada, T. S. (1979), Experimental manipulation of cell surface to affect cellular recognition mechanisms, *Dev. Biol.*, **70**, 195～205.

（3）Yoshida, C., Takeichi, M. (1982), Teratocarcinoma cell adhesion: identification of a cell-surface protein involved in calcium-dependent cell aggregation, *Cell*, **28**, 217～224.

（4）Hatta, K., Okada, T. S., Takeichi, M. (1985), A monoclonal antibody disrupting calcium-dependent cell-cell adhesion of brain tissues: possible role of its target antigen in animal pattern formation, *Proc. Natl. Acad. Sci., U.S.A.*, **82**, 2789～2793.

（5）Shirayoshi, Y., Hatta, K., Hosoda, M., Tsunasawa, S., Sakiyama, F., Takeichi, M. (1986), Cadherin cell adhesion molecules with distinct binding specificities share a common structure, *EMBO J.*, **5**, 2485～2488.

（6）Nagafuchi, A., Shirayoshi, Y., Okazaki, K., Yasuda, K., Takeichi, M. (1987), Transformation of cell adhesion properties by exogenously introduced E-cadherin cDNA, *Nature*, **329**, 341～343.

11

谷口維紹

聞き手　畠山昌則
同席委員　伊藤耕一

谷口維紹先生は七〇年代後半にわが国の生物・医学界に彗星のごとく登場し、台頭する分子生物学を駆使して、遺伝子側から高等生物が営む複雑な生命活動を解きほぐすというまったく新たな研究パラダイムを切り拓いた。ヨーロッパで分子生物学者に育て上げられた一人の若者に対し、運命がこの大任を与えるに至った必然性をうかがうべく先生のお部屋のドアをたたいた。

谷口維紹（たにぐち ただつぐ）　Ph・D（チューリッヒ大学、一九七八年）

一九四八年一月一日　和歌山県に生まれる
一九七一年　東京教育大学理学部 卒業
一九七二年　ナポリ大学理学部、ナポリ海洋研究所 奨励研究員
一九七八年　チューリッヒ大学大学院博士課程 修了
一九七八年　癌研究会癌研究所生化学部 研究員
一九八〇年　同 主任研究員
一九八〇年　ニューヨーク大学医学部 客員助教授
一九八三年　癌研究会癌研究所生化学部 部長
一九八四年　大阪大学細胞工学センター 教授
一九九二年　大阪大学細胞生体工学センター 教授
一九九四年　東京大学医学部 教授
一九九七年　東京大学大学院医学系研究科 教授
二〇〇六年　ニューヨーク大学医学部 連携教授
二〇〇七年　チューリッヒ大学 名誉博士

日本分子生物学会：第33回年会長（二〇一〇年）、評議員（第5、7、8、10、11、13、14、17期）

幼少から大学

畠山　先生は小さいころやはり理科好きの少年だったのでしょうか。

谷口　理科好きというよりは、よく言えば、生き物とか自然に慣れ親しむという環境に育ったのは確かですね。昆虫採集とか、魚捕りとか、とにかく思い切り自然の中で楽しく育ったという思い出が残っております。

畠山　大学は理学部に進まれたわけですが。

谷口　大学に進学しようという気持ちになったのは高校二年生ぐらいのときでした。いろいろ迷っていたのですが、ちょうど朝永振一郎博士がノーベル物理学賞を受賞されたことが大きなインパクトとなりました。新聞で拝見する朝永先生の学者の風貌に大いに魅せられた覚えがあります。当時先生は東京教育大学理学部の教授をしておられましたので、ぜひそこで勉強してみようと思いました。

当時、分子生物学という言葉はそれほど浸透していたわけではありませんが、生命現象を化学や物理学といった異分野の世界を導入して解明しようという流れがあり、できれば自分もそういう道を歩みたいと思っていました。朝永先生にも物理学概論という講義を受けたり、変な話ですが、お手洗いでご一緒になって緊張してしまったとか、懐かしい思い出があります。

ナポリからチューリッヒへ——分子生物学の世界へ

畠山　大学を出られたあと、いよいよ分子生物学の世界に本格的に参入するわけですが、その発端を教えていただけますでしょうか。

谷口　大学院に行こうと思っていましたが、当時はいろいろな大学で活発な学生運動が展開され、先が見えない状況でした。そうした中、一応、大学院には入学したのですがその途中で、メチニコフ（I. Metchnikov）という偉大な免疫学者も研究していたことがあるイタリア、ナポリの海洋研究所に留学するチャンスがたまたま訪れたのです。

ナポリでは、**RNAポリメラーゼ**の生化学的研究を行いました。私は大学のころからこの分野に興味があり、三浦謹一郎先生の「核酸の化学」に大変惹かれた思い出があります。また当時、東大からイエール大学に留学されていた名取俊二先生がRNAポリメラーゼの活性を高める因子を同定したという報告など、先輩たちの業績にふれ、何とか遺伝子の発現の調節に迫れるような研究をしたいと思っていました。その意味で、イタリアでRNAポリメラーゼの研究に従事できたことは幸運でした。

分子生物学への参画ということになりますと、ナポリ大学でお世話になったリボナッティ（Libonati）先生の紹介でチューリッヒ大学分子生物学研究所のワイスマン（C. Weissmann、図11・1）教授にお会いできたことに尽きます。その後大学院生としてワイスマン研究室に移り、私に与えられた最初のテーマが**部位特異的変異導入**（site-directed mutagenesis）でした。

部位特異的変異導入は、私の兄弟子にあたるフラベル（R. Fllavel、現イエール大学教授）が、Qβファージのゲノム非翻訳領域に対して初めて成功したという経緯があり、ワイスマン先生は機能をもった遺伝子配列に部位特異的変異を入れたいと考えておられました。それが私の研究テーマとなったわけです。部位特異的変異導入という用語は今では広く使われていますが、ワイスマン先生が最初に使われたのではないかと思います。個人的には残念ながら、DNAオリゴヌクレオチドを用いた手法を開発したカナダのスミス（M. Smith）さんがノーベル賞を受賞されましたけれど。RNAゲノムに汎用性がなかったことがノーベル賞を逃した原因かもしれませんが、ワイスマン先生の業績を考えると大変残念だという気はありますね。概念的にも実践でも先生が優先したわけですし。

私は部位特異的変異導入のプロトコルを見せられたときに、あまりにも難しいのでとても無理じゃないかと思いました。でも、逆に、これから大学院で勉強しようという人間に、大きなプロジェクトを与えてくれた先生の

図 11・1　チューリッヒ大学大学院生時代　兵役義務から戻ったばかりで軍服姿のワイスマン先生と仲間達と一緒に.

心意気に大変感激したのを覚えています。この研究がうまくいくかいかないかこそが私にとって分子生物学の神髄にふれられるか否かを決める分水嶺であり、大きな知的興奮を覚えました。

畠山　最初にワイスマン先生とお会いしたときに、どんな印象をおもちになりましたか。

谷口　私はあまり人見知りはしないんですよ。ですから、怖いという印象はありませんでした。とはいえ、目の前に立ちはだかっている大きな岩のような存在に思いましたね。ただ不思議なことに、うまがあったといいますか、私はまだ未熟ではありましたが、ワイスマン先生とどこか似たところを求める感覚があったからではないかと、今、勝手に私は想像しています。共にクラシック音楽が大好きであったことなども一因としてあったかもしれません。よく二人で室内楽を聴きながら論文を書いたものです。だからこそ私に重要なプロジェクトを与えてくれたのかな、と。

畠山　大学院時代の先生のご研究は「ネイチャー」等に発表されています。その後、大変成功された

RNAウイルスの研究から一気にヒト遺伝子の研究に動きますね。その動機付けは何だったのでしょうか。

谷口　元をたどれば、いつかは真核生物のレベルにいきたい、複雑な生物系をもう少し分子レベルで解明したいという気持ちがあったことは確かですね。その背景には、ワイスマン先生の下で分子生物学の基礎を徹底的にたたき込まれたという自負もありました。ちょうど私が学位論文を仕上げるころ、レンゲル（P. Lengyel）さんというインターフェロン研究者がチューリッヒにやってきました。これは分子生物学者の系統図と言ってもいいのですが、オチョア（S. Ochoa）という著名な生命科学者がおられ、オチョア先生のお弟子さんがワイスマン先生であり、レンゲルさんであり、私がイタリアでお世話になったリボナッティ先生であり、日本人では上代淑人先生です。そのご縁でワイスマン先生はインターフェロンにも非常に関心をもっておられ、特にギルバート（W. Gilbert）とともにバイオジェンというベンチャー企業を当時立ち上げた経緯もあって、レンゲルさんをセミナーによばれたわけです。

そのセミナーで、ウイルス感染によりインターフェロンができることを知り、大きな衝撃を受けました。ウイルス感染によってインターフェロンという遺伝子が目を覚ますならば、そのスイッチのオン・オフの仕組みはどうなっているのかに大変興味をもちました。今から考えれば自然免疫の分子レベルでの研究ということになります。ワイスマン先生も当然似たところに興味をもたれていたかもしれませんし、組換え型のインターフェロンを薬品として応用するといったお考えもおありだったと思います。

帰国、癌研究所へ

谷口　一方、私はそのころすでに東京の癌研究所（癌研）に就職することが決まっており、村松正實先生（第3章）から「君がインターフェロンをやりたいのであればぜひやってほしい。癌研としても関心がある」とおっしゃっていただきました。当時からαインターフェロンとβインターフェロンは抗原性が異なることはよく知られており、おそらく違う遺伝子によりコードされるのではないかと考えられました。βインターフェロンはポリＩＣという合成二重鎖ＲＮＡでも誘導されることが知られており、遺伝子発現の仕組みを調べるうえでウイルス感染だけではなく、人工的な系を使ってより核心に迫れるのではないかという期待感もあったのは事実です。

畠山　基本転写因子を飛び越え、さらにもう一つ先の遺伝子オン・オフを研究対象にしようとされた、そこに特別な理由はおありですか。

谷口　当時、それほど高邁な精神や考え方をもって臨んでいたかどうか、私にはわかりませんが、大腸菌にも、いやむしろ大腸菌の方がといってもいいほど、非常に巧妙な緻密な遺伝子の発現調節メカニズムがあるわけですね。ましてや、多細胞生物では、その仕組みはきわめて複雑かつ巧妙になっているのではないか。多細胞生物のゲノムの発現の調節の仕組みこそが、われわれの生命の営みを理解するうえで欠かせないことであり、そこに大きな興味をもったのだと思います。現在でも多細胞生物の分子生物学、特に遺伝子発現の研究をやっている人の多くが、バクテリアやバクテリオファージにおける遺伝子発現調節の芸術に魅せられた人たちです。

畠山　日本にお帰りになって、インターフェロンの遺伝子単離の激烈な戦いの中に入るわけですが、勝算はどの程度おありだったのですか。

谷口　何とも言えませんね。ただ、大変だということはわかっていました。日本でヒトの遺伝子組換えをやっている場所はどこもなく、癌研だけにP3という専用の設備が完成しつつありました。昔の癌研は大塚にあり、遺伝子組換え実験に対する住民の反対運動が起こる可能性もあったわけですから、当時の菅野晴夫癌研所長のご決断は大きかったと思います。またそれを支える村松先生、井川洋二先生以下多くの素晴らしい先生方がおられ、癌研にとてもいい雰囲気を感じました。

畠山　当時、癌研以外ではできなかった仕事といえますか？

谷口　そう思いますね。ちなみにヒトのβインターフェロン遺伝子は日本で組換えＤＮＡで単離された最初の遺伝子です。

畠山　先生はサイトカイン遺伝子単離の先鞭をつけるお仕事をされたわけですが、バイオ製剤の社会に対するインパクトの強さをお考えになって研究されていたのでしょうか。それともこれは純粋にサイエンスとして、ですか。

谷口　正直に申し上げて、やはりサイエンスとして遺伝子を同定すれば、染色体遺伝子をとって、その染色体遺伝子に発現の秘密が隠されているのだろうという意識は非常に強かったと思いますね。

ハーバード大学へ

谷口　一方、リプレッサーで有名なハーバードのプタシネ（M. Ptashne）さんから電話があって、半年ほどハーバードに行きました。これもいい経験でした。大野茂男先生（現横浜市立大学医学部教授）が研究に参加してくれたことで、私がハーバードで組換えインターフェロンの研究をしながら、癌研で遺伝子発現の研究を進めることができたのです。

畠山　ハーバードの数カ月間は、先生の人生にとって非常に濃厚な時間だったような気がするのですが。

谷口　チューリッヒ大学の五年間もとても大きかったと思います。あれがなければハーバードに行っても収穫があったかどうかわかりません。ワイスマン研は世界中からいろいろな人が集まっていて、そこで徹底的にもまれたということが大きかったのですが、ハーバードやＭＩＴ（マサチューセッツ工科大学）はまた特別な雰囲気があり、チューリッヒ大学といった一つの大学ではなく、アカデミックインスティチューションを集約しているようなところで、激しい競争原理が働く中、生き残っていくためのコミュニケーションや共同研究の重要さ、寛容の精神の大切さとか、いろいろなものを学んだ気がします。

当時からの友人で、今も分子生物学関係の世界でも活躍している人がいっぱいいます。たとえば、PI3-キナーゼを見つけたカントレー（L. Cantley）とか、ギルバートさんをはじめとするノーベル賞学者とか、そういう非常に厚い研究者層の中でお互いにファーストネームで呼び合ってコミュニケートしている。その世界で学んだものは非常に大きかったと思います。ちなみに、当時ハーバードで、組換え型インターフェロンをつくりアッセイしたときに、ウイルスをくださったのはボルチモア（D. Baltimore）さんの奥様、ファン（A. Huang）さんです。また、ニューヨークまで行き、ビルチェック（J. Vilcek）先生にアッセイを助けていただきました。私は音楽が好きなのでいろいろな芸術家とも親しい関係もできましたし、また日本でふれることができない音楽会なども記憶に残っています。

畠山　もし日本で研究者として育っていたら、そこまで自由闊達にハーバードをエンジョイできたでしょうか。やはり難しかったでしょうね。

谷口　そんなことはないと思いますけどね。まあ、私はもともと非常にオプティミストなんですよ。あえて言うならば、日本で研究者として育って外国に行くというルートとはまったく違ったルートで研究者になったことから、失敗してもあまり失うものがないという感覚がどこかにあったのかもしれませんね。小さな村で生まれたからこそ、未知の世界に対するものすごい好奇心が幼いころから自分の中で芽生えて、それがずっと育っていった結果に過ぎないのかもしれません。

畠山　それは今の教育に対する強烈なアンチテーゼのような気がします。

谷口　まさにそのとおりです。日本全体を見たときに、明治以来からの日本の教育のシステムが、これからもっと新しいところに向かってほしいと思うことはありますね。

大阪大学へ

畠山　癌研でインターフェロンの遺伝子をお取りなった後、阪大に移られる決断はどのようになされたのでしょうか。

谷口　それはやっぱり阪神タイガースファンだから（笑）。

畠山　では、その次に大事な要素は何だったのでしょうか。

谷口　癌研というところは本当に素晴らしいところでした。私の出身大学は廃校になりましたから、癌研が自分の母校と言ってもいい。癌研の自由闊達で若い人が伸びる環境というのは本当にすばらしかったと思いますね。

一方、大阪大学細胞工学センターというのは当時新設の組織で、岡田善雄先生をセンター長に、松原謙一先生（第6章）、岸本忠三先生、若くしてお亡くなりになった内田　驍先生が集結しておられました。これら先生方のエネルギーはすごいものを感じましたね。お世話になった癌研には申し訳ないという思いもありましたが、阪大に行くと一体どんな自分が見い出せるのかという気持ちが非常に強かったと思います。未知なるものへの挑戦、未知なる自分を見い出すための旅と言ってもいいかもしれませんが、これは私の人生の通奏低音のような永遠のテーマなのです。当時、阪大細胞工学センターには**新たなものに挑戦する**特別な雰囲気がありましたね。ですから、ここで自分を見つめ直してみたいというのが、阪神タイガースファンだということの次の理由でございます（笑）。

畠山　先生が阪大に行かれた直後、阪神も数十年ぶりの優勝を果たしましたし、お互いに切磋琢磨した時期だと思います。当時の阪大細胞工学センターには何とも言えないサイエンスに対する特別の活気があったような気がします。中でも、先生は触媒のような存在で、他の研究室をものすごく刺激していたという印象があるんですが。

谷口　それは大変ありがとうございます。私から見ると、皆さんが大先輩で重要な化学反応をやっている、その化学反応そのものが重要で、私がその触媒とすれば、そういうことかもしれません。とにかく皆さん、大変見識があり、それぞれの分野で日本を代表する方々で、私も大きく刺激されました。当時は自分たちの教室の研究だけがよければいいという感覚があまりなく、センター全体のためになればという感覚が非常に強かったと思うんです。

畠山 そうですね。

谷口 なぜそういうのができたのかわかりません。「天の時、地の利、人の和」という言葉がありますが、「天の時」でもあったのでしょう。細胞をエンジニアする、遺伝子をエンジニアするといったようなところを融合させるちょうどいい時期だった。そこにそれぞれの専門家が集まる。それから「地の利」という意味では大阪大学のキャンパスの中に、大阪という「やってみなはれ」的なチャレンジングな雰囲気がありましたよね。何と言っても「人の和」というのが大きかったと思いますね。喧嘩はよくしましたけど、喧嘩したから仲が良かったんじゃないでしょうか。

畠山 確かに仲が良かったと思いますね。

谷口 岸本先生のグループとテニスをやるとね、ソフトボールだったかな、「IL-6とIL-2だったら6対2でわしらの勝ちや」とかいう話でやるんですが。

畠山 実際はうちが勝ったんです。

谷口 今でも優勝カップが隣の部屋に飾ってありますよ。そんな懐かしい時代もありました。でも、お互いがそうやって刺激し合いながら、基本的には非常に仲が良かったと思いますね。

東京大学へ

畠山 大阪大学での約一〇年のご研究を経て先生が東京大学に移られたのは、また自分をリセットしてもう一度何か新しいものにチャレンジしたいというお気持ちが強かったのでしょうか。

谷口 人生必ずいつかどこかに転機があるとは思いますが、そのどこかを探していたわけではありません。ちょうどそのころに東京大学医学部からお話がありました。私は家庭のこともあったし、すぐに行こうと思ったわけではないのですが、東大医学部の先生方と話をして、ものすごく感激をしたのは覚えています。つまり、これほど深く医学のことを考え、またこれほど真剣に医学部の将来を考え、これほど熱意をもって医学部を運営しようという先生方がおられることに非常に感銘を受けましてね、それは非常に大きかったと思います。

同時にやはり新しい自分、今まで大学院を出て研究所にいて、それから大学の研究所に行って、今度は学部に行くということで、いろいろ仕事も増えますが、新しい環境でいったいどういう自分が見えてくるんだろうという関心は非常に大きなものがありました。

研究スタイル

畠山　ここで少し研究スタイルについて質問させてください。谷口先生のご研究の特徴として、徹底的にハイレベルな研究を遂行し妥協はしないという姿勢が明確に感じられるのですが、それにこだわる理由はなんでしょうか。「なんで二番じゃいけないんですか」という話がありましたが、「二番は許さない」という、その背景にあるのは何なのですか。

谷口　そうおっしゃっていただくのはありがたいですけれども。

畠山　結局、それが人を集める原動力、周りに人が集まってくる原動力の一つ、大きな力になっているのだろうと思うのですが。

谷口　やっぱりワイスマン先生の教育は大きいと思います。ワイスマン先生ご自身がもう七〇歳代の後半ですが、今年の二月号の「サイエンス」に論文を書いているというぐらい、彼の人生は徹底的に研究なんですよ。チューリッヒ大学をご退官になった後もロンドンに行かれ、今はフロリダで研究をしておられて、研究に対する執念は非常に強いものがあります。

オチョア先生もそうでした。あの周りは皆さんそうなんですよ。上代先生もそうでしょう。ボースト（P. Borst）という有名な人もそうだし、私のイタリアの先生も。ほかのことは置いておいても研究が大切という感覚が非常に強いことを感じますね。

畠山　とにかく研究では妥協は許さないという一貫した姿勢がありますよね。

谷口　今でもワイスマン先生に時々国際電話をするんです。「新しい論文を読んだ？」とか、「最近どうなっているか？」とか、自分が学生時代に“What's new?”と言われたのとあまり変わらない印象をもっています。

自分の関心や情熱もさることながら、研究の質に一種の義務感を感じるのは確かです。そこで、自分が妥協してしまうと周りの人も妥協してしまいます。より高いものを目指すことができなくなったときは、研究から身を引くときだろうと思ったりしていて。案外近づいているのかもしれませんが（笑）。

畠山　まさに、ハイレベルの研究がずっと続いているわけですが、一方では、結果が出た後、その成果を心から喜んでくださる。本当にそういうところがあって、だからどんどん優秀な人材が集まって。

谷口　いやいや、そんなこともないですよ。

畠山　いや、そういうことだと思います。先生の門下生で、大学教授や研究部長といったポジションに就いた方はすでに二〇人近く出ていると思います。

谷口　結局、優れた弟子を育てるというのは、特にそんな特別な方法があるわけではなくて、素で立ち向かうということなんですかね。一緒により高い峠に登ろうとする共同作業が結果的にそういうものをもたらしているということなのではないかと思います。

ナポリでの楽しくも充実した二年間を経て、これからスイスに行くというときに、リボナッティ教授が空港まで送ってくれましてね、二つおっしゃったことがある。一つは、「日本にはミリタリーサービス（兵役義務）がないそうじゃないか。だから、ミリタリーサービスというつもりでチューリッヒに行け」と言われたんですね。

「ワイスマン先生は研究室に必ず朝八時から夜一〇時か一一時ころまで居るけれども絶対に先に帰ってはいけない」ということも言われました。もう一つ、おまえに贈る最後の言葉だと言ってくれたのは、イタリアのあの有名なレオナルドダヴィンチの言葉で「自分を追い抜けない弟子をもつほど悲しいことはない」でした。空港でその言葉を贈ってくれたのがすごく印象に残っています。

結局、自分を追い越してくれる弟子をもつことが人生の最大の喜びだ、ということに尽きるんですね。中国の荀子の言葉に、「出藍の誉れ」というのがあります。これも基本的には同じことです。「青は藍より出でてなお藍より青し」というね。イタリアでも中国でも、古今東西皆さん考えることは同じなのだなとつくづく思いますが、やはり自分を追い越してくれるということが大きな喜びで、だから一緒に高いところを目指そうということです。

畠山　よくわかります。ただし、僕ら弟子側からいいますと、これほど乗り越えづらい師匠もいないと……。

最近の若者

畠山　先生は今まで随分たくさん優秀な学生さんを見・育ててこられていますが、最近の若者気質は二〇年、三〇年前と比べてどうですか。

谷口　最近、若い人たちには元気がないと言われていますけど、うちの医学部の学生を見る限り、そんな心配は要らないんじゃないかと思ったりもします。でも全体的に見て、たとえば大学院の学生の教育などで、少し以前よりも気を遣ったほうがいいのかなと思うことはありますね。やっぱり厳しく優しくというのが大切ですが、昔は厳しくが優しくよりもちょっと強くてもよかった時代があったと思います。それでもみんな食らいついてくるガッツがあった。最近はより優しく励ますほうがいいのかな、というところがありますね。

おそらく、どこかで厳しくしなければいけないんだとは思いますが、そのタイミングを私も日々勉強しているところです。まったく優しくなってしまうと、これもやっぱりいけない。その匙加減は時代とともにそれなりに変わるんでしょうね。

研究の方向性

畠山　先生の今後の研究の方向性をおうかがいしたいのですが。

谷口　私たちの研究は、免疫と発癌の二つをキーワードにしてずっと続けてきましたし、これからもその研究を続けていきたいと思っています。特に、自然免疫と発癌の関係は大変興味があります。自然免疫による癌細胞の制御機構の研究を続けると同時に、免疫応答についても適応免疫と自然免疫をつなぐ仕組みの解明とか、そこにおける核酸の認識とその役割とか、そういう問題についてぜひ若い人たちと一緒に論文を書きたいなと思っています。

もう一つ、プリンストン大学の先生が書いた本に「パスツールの象限」というのがあるのです。象限というのは quadrant ですね。つまり、これは基礎研究と応用研究と開発研究などについて述べたものですが、「パスツールの象限」というのは応用研究なんですね。つまり、利用したい、だから仕組みを知りたいということです。たとえば、医学に役立てたい、だからその仕組みを解明したいという研究です。「ボーアの象限」というのもあって、それはもう知りたいという好奇心だけですが、それが基礎研究の定義なんですね。「エジソンの象限」というのはとにかく実用化したいということに特化しているのです。それぞれ学術としてすごく大切なことだと思うんですね。でも、国の学術政策や科学者コミュニティーの中でその辺がよく理解されていないのではないかと思うこともあります。皆さん、大学の先生は基礎研究をやっていると思っていますが、私に言わせれば医学研究は応用研究そのものです。だってヒトの病気を治したいというところからスタートしているわけですから。私もやはり医学に役立てる視点をより重要視した研究をやっていきたいと思います。つまり、抗癌剤とか、自己免疫疾患の抑制とか、臓器移植の問題とか、われわれの基礎的な知見に基づいた成果を社会に還元する研究をやっていきたいですね。何よりも、世の中全体が大きな変革期を迎えているわけですが、これからの科学を担う若い人達が大いに活躍できるよう微力ながら貢献して行きたいです。

12

岡田清孝

聞き手　石野史敏
同席委員　島本　功

日本におけるシロイヌナズナの分子生物学の先駆者である基礎生物学研究所（基生研）所長の岡田清孝先生のもとを島本　功先生と訪問しました。本稿では省略しましたが、はじめに高校時代における分子生物学との馴れ初め、京都大学理学部、同大学院、東京大学理学部生物化学科助手時代におけるバクテリオファージＢＦ23の分子遺伝学の研究、ハーバード大学のストロミンジャー（J. Strominger）研究室でのヒトＨＬＡの研究などのお話をうかがいました。再び東大に戻られたのち基生研に移られてシロイヌナズナ研究を立ち上げられた話からの後半を要約いたしました。一貫して分子生物学の新しい可能性を追求し続ける先生のフロンティアスピリットを感じた時間でした。

岡田清孝（おかだ きよたか）　理学博士（京都大学、一九七九年）

一九四八年五月二七日　大阪市に生まれる
一九七一年　京都大学理学部 卒業
一九七三年　京都大学大学院理学研究科修士課程　修了
一九七五年　東京大学理学部生物化学教室 助手
一九八二年　ハーバード大学生化学教室 研究員
一九八六年　岡崎国立共同研究機構基礎生物学研究所　助手
一九八九年　同 助教授
一九九五年　京都大学大学院理学研究科植物学教室　教授
二〇〇〇年　理化学研究所植物科学研究センター グループディレクター（併任）
二〇〇七年　自然科学研究機構基礎生物学研究所　所長
日本分子生物学会：理事長（第16期）、副理事長（第15期）、評議員（第12、13期）、理事（第15、16期）

基生研でのシロイヌナズナ研究の立ち上げ

石野 東大の生物化学科に戻られ、しばらくしてから基礎生物学研究所に移られて（一九八六年）シロイヌナズナの発生・器官形成の研究を立ち上げられましたが……。

岡田 新しい分野に移りたいというのはずっと思っていました。京大の教授であった志村令郎先生（第4章）が基礎生物学研究所の客員教授になられたときに、当時の岡田節人所長が植物の分子生物学をやってほしいと志村先生に言われたらしいのです。志村先生はいろいろ調べて、シロイヌナズナがおもしろそうだ、「それで、君はやる気があるか。ただ、客員だから五年間だし、後はどうなるかわからんぞ」。その話を聞いて、「いや、やります、やります」と言って、それで移ったのです。

そういうやりとりはあったのですけれど、大学院のときに、隣の岡田節人先生の研究室で行われていた、器官形成における細胞間の接着などの発生の問題にすごく興味があって、行く行くはそれをやりたいという考えがずっとあったのです。ただ、そのためには分子遺伝学の手法が必要で、まずそれを学ぶ必要があると考えていました。

石野 学生時代に発生学の可能性について、相当学んでいたということですね。

岡田 そうそう、僕だけでなく、いろいろな人がそういう議論をしていた。そういう展開が次々と起こるだろうと……。

石野 それで植物の分野に行かれて、それもジェネティクス（遺伝学）で攻めるということですね。フォワードジェネティクスで発生や器官形成のいろいろなミュータント（突然変異体）をとる……。

岡田 そうです。遺伝学の威力というのはずっと言われていたし、僕も感じていました。

石野 植物をやろうというとき、初めから分子生物学、すなわちミュータントから攻めることが頭の中にあった訳ですね。

岡田 それはそうです。志村先生と相談したり、指示もあったのだけど、それで当面やりましょうと。

石野 日本で一番初めにそういうものをもってこられる際、シロイヌナズナのワークショップを開催し、国内のいろいろなメンバーを集めてこの分野を発展させようと考えられたと思います。これは、今でも基生研が行っていることですね。モデル生物でそういう組織をつくることを初めて導入されたのではないかと思うのですけど。

岡田 いや、僕はそこまで深慮遠謀というか、大きなことはあまり思っていなかったのですけど。ただ、シロイヌナズナは非常におもしろい有望な系で、植物の研究をしている人はきっと飛びつくだろうと……。島本さんは当時まだアメリカにおられたけれど、イネとかでしたか?

島本 僕はトウモロコシをやっていて、ちょっと違う流れですね。トランスポゾン、マクリントック(B. McClintock)とか、そういう流れですね。分子生物学に関して言うと植物は二つあるのですよ、シロイヌナズナと古典的なトウモロコシ関係と。

岡田 そうですね。当時の僕の理解では、いろいろな意味で植物の研究で一番おもしろいし、進んでいたのは植物生理学なのです。いろいろな現象があって、その原因も遺伝子まではなかなかいかないのだけども、こういう問題がある、いろいろと外的条件を変えたらこうなって、植物としての能力はこういうものだ、といろいろ言われていた。その遺伝子を知りたい。みんなやりたがっていたわけですね。そこにシロイヌナズナがいいんじゃないかという提案がすごくタイムリーで、おもしろくなりそうな予感があったから、みんながそれをやろうという気になったのです。

最初に何人かでスタートしようとしたのですが、バラバラではなかなかできない。今もそうですけど、本当に新しいことをやりたい人というのは教授レベルというよりはもっと若い人なんですよね。そういう人たちは自分たちだけで研究室全体のシステムを変えるというのは無理なので、まとまっていろいろな技術交流をしたり情報交換をしたりする場が必要だった。基礎生物学研究所はそういうことをやるお金があって、岡田所長や研究主幹の藤田善彦先生がそれを融通してくれたので、うまくできたわけです。

石野　シロイヌナズナを選ばれた基準は何だったのですか。

岡田　それは少なくとも三つあって、一つは世代時間がすごく短い。もう一つが非常に小型で、温室とか、圃場《ほじょう》が全然要らない、室内でできる。三つ目がＤＮＡサイズ、ゲノムサイズが小さいということ。それはすでに八五年の段階で三つともわかっていたのです。

石野　それで花もつけるし、僕たちがイメージする植物の形にはなっている。

岡田　そうです。ただ、今となってみるとシロイヌナズナには特殊な性質もいくつかあるし、植物のすべてのことを代表するわけではない、こういう部分は抜けているなどの問題点もだんだん出てきているのです。でも、主要なところはシロイヌナズナでやれるという認識は今も変わってないと思います。

石野　トウモロコシやイネは有用植物という形で研究が進むと思うのですが、シロイヌナズナの場合は完全に基礎の理学研究ですよね。イネとかトウモロコシと比べて、ゲノムサイズが小さく世代時間が早いところに賭けたということですか。

岡田　そうですね。もう一つはシロイヌナズナの場合、五〇年代からドイツで粒子線を当てたり、試薬を与えたりしていろいろなミュータントがとれることもわかってきていたのです。トウモロコシではトランスポゾンが飛んで、圃場でいろいろ育てているうちにおもしろいミュータントがとれるから集めておくみたいな感じだったのだけど。シロイヌナズナの場合、ミューテーションの効率を人工的に上げる処理をするといろいろなミュータントがとれる。つまり部屋の中で、僕らが操作できる範囲でスクリーニングできるというところがもう一つの魅力だったのです。だから、スクリーニングの方法をいろいろ考えるのがすごくおもしろかったし、楽しい時代でした。

島本　シロイヌナズナの遺伝学は、アメリカもヨーロッパもかなり伝統はすでにあった。分子レベルではなく、遺伝学という面でも有名ではなかったけれども、かなり研究はされていたという感じはしますね。栄養要求性のチアミン変異なんかも、その時点でありましたよね。

石野 そういう伝統があるところに分子生物学が入って行って、その時期にうまく日本で開花できたということですね。

シロイヌナズナ研究の展開

石野 先生がターゲットにされたのが花とか茎の形成と根の問題。それから、重力とか光とか環境との相互作用も初めから意識されていた。

岡田 そうです。ミュータントはいろいろなものが出てくるわけだから、要するにスクリーニングの問題ですね。何を狙ってスクリーニングするか、それは志村先生とスタートさせたときに話をして、一つは形態形成。発生というか器官発生の問題は当時そんなに多くなかったのです。もう一つは環境応答。その二つにほぼ絞っていたのです。

当時、植物生理学の人たちがおもに興味をもっていたのは、植物ホルモンの問題、光合成、それから花成。そこはいきなり入っていくとなかなか大変だろうというのがあって、むしろそれは避けた。

石野 独自路線ですね。

岡田 まあ、そうですね。戦略としてはそういうものだったと。

石野 先生のお気に入りのミュータントはどういうものですか？

岡田 形の上からおもしろいと思ったのは重力屈性というか、ウェーブという斜めにしたときに根が右左に波を打つものがあるのですけど、そういうやつが一番。スクリーニングをいろいろ工夫して、これで何かおもしろいものがとれるだろう、ひょっとしたらこういうものがとれるだろうと思って、それが出てくるのがおもしろいで

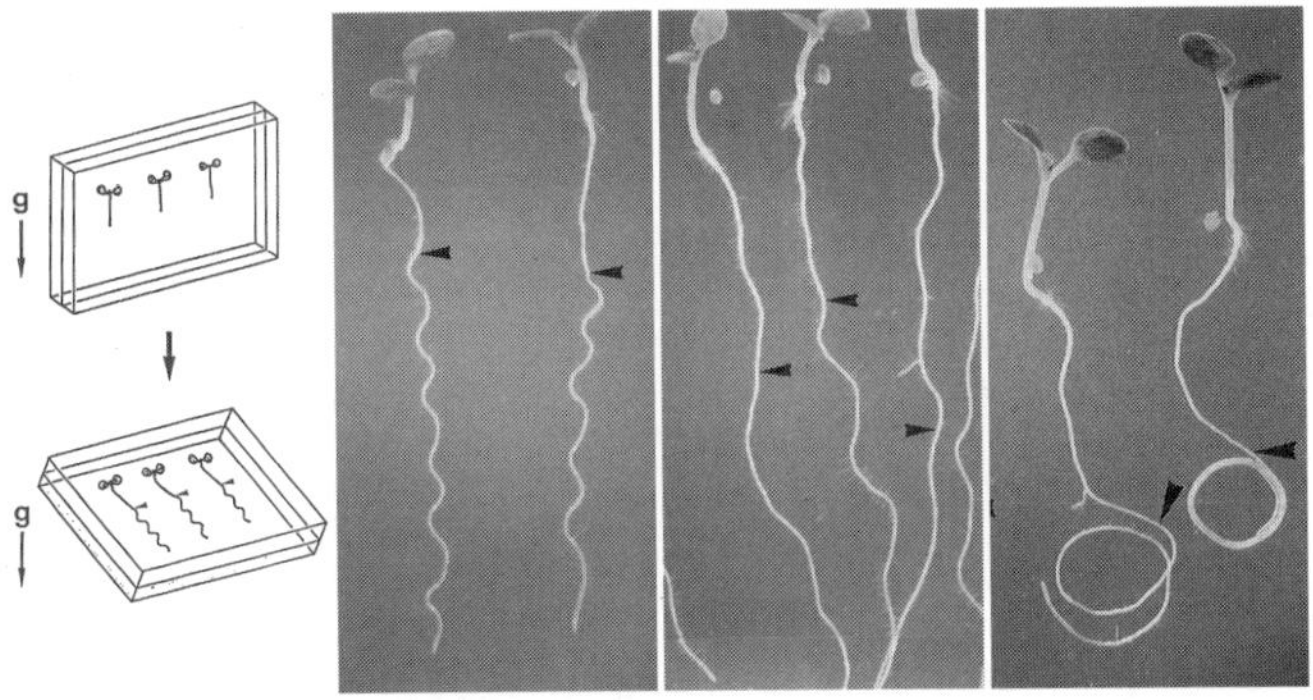

(a)　(b) 野生型　(c) *wav 1–1*　(d) *wav 5–33*

図12・1　45° 傾けた寒天培地（a）**上で野生型は根が波状に伸びるが**（b），***wav 1–1* 突然変異体は波状に伸びず**（c），***wav 5–33* 突然変異体は一方に巻く**（d）．根の先端が矢印の位置にあったときに寒天培地を傾けた．

すね。

石野　根が、どうなってしまうのですか?

岡田　根には重力屈性と光屈性があって、重力の方向に伸びるし、光が来るとそれから逃げようとします。それだけではなく堅いものにぶつかると、避けようとするわけです。回避のために根の先端が回転してその方向がぐっとずれ、またぶつかれば、また回転して方向を変えて伸びることになっているらしい。

それをビジュアルに見るのは難しいので何とかならないかと思って、少し堅めの寒天の表面に這わせておく。水平に置くと根が下に入ろうとするのだけど、堅いとぶつかる、それで横に伸びざるをえない。水平にするといろいろな方向に伸びてしまうので、四五度ぐらい斜めにしたのです。そうすると、寒天に潜ろうとしてぶつかるので回転する。横に行くと重力屈性が起きて、もういっぺん回転して戻ろうとする。そうすると結果として波を打つような波型の根になるんですよ（図12・1、文献1、2）。

石野　なるほど。

岡田　そうならないものをとろうというので、いろいろスクリーニングしたわけです。

島本　画期的でしたよね、根っこのミュータントは。あのころ、結構あったのですか？　僕はすごいなと思ったのを今でも覚えていますけど。ああいう動いていくミュータントはすごく新しかったのではないですか？

石野　発生学ではそこが一番おもしろいですね。器官形成で全然解明されていないのはまさにそこですよね。なくなるミュータントはあるけれど、どうしてそこにできるのかはまだ未解決ですね。そういった研究を根でつくって行くんだという……。

岡田　そうそう、寒天培地をもっと堅くしたり、真っ暗な所に入れてやるとか、方向を逆にするとか、結構やったのですよ。しかし、得られたミュータント全部を調べることはできないので、本当に興味のあることだけにだんだん絞っていったのです。

石野　僕が一九八三年にストロミンジャー研究室に共同研究で三カ月滞在した際に、岡田先生とご一緒させていただきました。そのとき、先生がそのような重力のミュータントがとれるのではないかと思うとお話されていたのがすごく印象的でした。すごいことを考えているなと思いましたね。

岡田　あ、そうですか。僕はそれを全然覚えていないのだけど。

石野　環境との相互作用って、これからの生物学の方向性ですよね。それが一九八〇年代にすでに芽生えていたと……。

岡田　いや、そこまでしっかり考えていたわけではないのですが（笑）。囲碁の布石ってあるじゃないですか。囲碁の趣味があるわけではないのだけど、新しい研究分野が始まったので、いろいろな所に石を打っておもしろそうなら、誰か続けてくれたらそれでいいかみたいなところがあったので……。最後まで詰めて勝ち負けに執着するところがあまりないのが欠点ですかね（笑）。

島本　僕が覚えているところでは、レビューもあったし、花の形態形成はかなりやられましたよね。それは根っこと同じぐらいの初期に扱われましたよね。

(a) 野生型　(b) apetala2 突然変異体　(c) pistillata 突然変異体　(d) agamous 突然変異体

図12・2　シロイヌナズナのホメオティックミュータント　(b) がく片が雌しべ（心皮）に転換する．(c) 花弁ががく片に，雄しべが雌しべ（心皮）に転換する．(d) 雄しべが花弁に，雌しべはがく片に転換して八重咲きの花になる．

岡田　そうですね。

島本　それで、岡田さんのモデルというのも覚えているし。

岡田　そう、あれは *Plant Molecular Biology* の総説に書いたものですね（文献3）。

島本　シンプルなモデルもあったと思うけれども、岡田さんのモデルは結構複雑だから。

岡田　あれはAGAMOUSの遺伝子がクローニングされて、その発現パターンと合致した、マイエロヴィッツ（E. M. Meyerowitz）とコーエン（E. Coen）らのABCモデルのほうがシンプルできれいなモデルでした。

石野　シロイヌナズナの遺伝学だからこそ、これが見えてきたということは何ですか？　モデル植物として生物学にどのような寄与があったのでしょうか？

岡田　それは遺伝子と、その遺伝子の機能との対応。実際に植物の形態形成や生理的ないろいろな反応にどうかかわっているか、アカパンカビで言われた一遺伝子一酵素のような、そういう対応が高等植物の複雑な反応でも成り立つことが、次々と実証されたことだと思います。

石野　形のような目で見えるものが遺伝子で説明できることは、とてもわかりやすいし、若い人たちを相当引きつけたと思いますね。

岡田　そうそう、特に一番典型的なことは、先に話の出た花のABCモデルがありますね。キンギョソウをやっていたコーエンがマイエロヴィッツと一緒に組んで、シロイヌナズナの花のいろいろなホメオティックなミュータントと、キンギョソウのホメオティックなミュータントにほとんど同じものがあるというので、大事そうなものだけを集めてABCモデルにしたのです。僕達も、ホメオティックなミュータントは大事だと思っていたので、最初の論文（文献4）はまさにそれを一生懸命集めていたのです（図12・2）。

島本　ホメオティックミューテーション、花とかのね。ショウジョウバエではもちろんありましたけれどね、そこが一つ大きかったかもしれないですね。植物の花の器官で、花弁がおしべに変わったとか、そういうホメオティックなミューテーションはすごくインパクトがあったのではないでしょうかね。

岡田　そうそう、きれいだったね。ホメオティックな器官の転換が根でも起こるかとか、茎ならどうかという話は、みんな一生懸命やろうとしたのですよ。しかし、あそこまできれいなシンプルなモデルは、結局花だけですね。

島本　あのモデルはちょっと行きすぎですよね。

石野　うん、花と葉っぱと花弁のところは一つの変形だという。

岡田　そう、植物の花は生殖器官で、雄と雌の両方の生殖細胞をつくるのだけど、脊椎動物のように雄と雌が受精の瞬間に決定されるのとは全然システムが違うわけですよ。植物の発生過程としては本当に最後のところで、花ができ、そこでせいぜい二個の転写因子のオン・オフで雄・雌が決まってしまうというのは、生き物の性の決定としては、あまりにも簡単です。それが動物と植物の大きな違いだということが遺伝子レベルでもはっきりしたということだと思います。

石野　性に関しては、植物と動物は相当違うことが明らかになったのですね。

岡田　そうですね。それまでも、雄しべが雌しべ化するというようなミュータントはいろいろな植物で知られてはいたのです。だけども、シロイヌナズナの解析からその辺のメカニズムについて「これだ」というのが出てしまったので、他の植物についてはその大筋の修正で説明がつくようになった。MADSボックス遺伝子のセットが働くという……。

石野　しかも、雄と雌が違うところにそれを使っていた。それはおもしろいですよね。植物と動物の違いがそこに出てくる。

岡田　そうそう、性の問題は植物と動物でまったく違うシステムですよ。

島本　MADSボックスは植物で非常に発達した転写因子グループなのですよね。ホメオボックスに対して、MADSボックスというのは植物では非常に重要な形で花びらをつくったりするというのが、一つの結論ですね。

石野　今後のシロイヌナズナの研究はどういう方向に向かうのでしょうか？　先生はこのごろ、モデル生物としてのあり方をもう一度考えなければいけないということも発言をされているようですが……。

岡田　結局、何が知りたいかというか、今までわかっていなかった現象に気がついて、それが重要だと思えば、それをどう料理していくかという話でしょ。僕自身はずっと遺伝学で育ってきたので、基本が何か、共通の原理は何かというところにどうしても興味が行くわけです。そうすると、いろいろな実験ができるとか、データベースがしっかりしているとか、自分のやりたい現象についてやれるのだったら、なるべく材料の豊富な使いやすいものをやるべきだと思う。その意味では、植物ではシロイヌナズナが一番いいと思うのです。

しかし植物の多様性がやりたいという人にとってシロイヌナズナの使い道はどうしても限定されてくると思います。ただし、その場合でも、単にここが種によって違うというのではなく、どのようにすみ分けているか、どこでそれが分岐してそれなりにちゃんとニッチの中で育ってきたかとか、そのようなポイントをきちんと見ないといけないでしょうね。

若手研究者へのメッセージ

石野 研究に関して若い人たちへのメッセージはございますか？

岡田 最近の研究すべてではありませんが、研究の主題よりも研究の方法論が先にあるという意識……ある意味ではしょうがないのかもしれないけど、そういう意識があまりに強くなっているような気がします。分子生物学や分子遺伝学的な方法が盛んになって、成功例が多いので、それをやろう、こういう結果が出るだろうから、こういう論文を書けば、こういうジャーナルに載るだろうというところまで何となく見えているところに、みんな乗っていますよね。もちろん学位を取るのに必要なこともあるし、それが悪いわけではないけれど、そういう決まった道筋を壊す人がある割合で出てきてくれないと、次に伸びないという気がします。

島本 僕はちょっと停滞感があると思いますけどね。植物の分子遺伝学は一九八〇年ごろから二〇年たって、形が、何か枠が決まってきてしまって、あまり革新を求めない感じはします。パイオニアとして、こういう機会だからちょっと聞かせてもらえたら……。

岡田 そうですね、いや、若い人もそれがわかっていないわけではなくて、一生懸命探しているんだと思うのですよ。だから、たとえばエピジェネティクスは、まさに石野さんや島本さんが専門だけど、それがおもしろいと思う人は、ずっとやって行けばよいのですけどね。何がおもしろいか、何について知りたいということを真剣に自分に問いかけるというのが大事だと思うんです。

島本 うん、それはあるね。みんな、あるからやるみたいな。それのやり方がわかっているから……。

岡田 そのためにはやっぱり生き物を見ないといけないと思います。植物でも動物でも実際に育てたり、野外で見てもいいのだけれど、この生き物のこの現象が不思議だなということを感じないと。教科書とデータベースを見て「これを研究しよう」というだけだと、本当に生物学をやっているところにいってないというか、だんだん離れていっているのだけど、それに気がつかないのでよくないと思います。

島本　まだまだミュータントというのはとれるんですかね、シロイヌナズナは?

石野　先生がおっしゃっていたように、新しいスクリーニング方法で、誰もとっていないミュータントをとることはいつでもできるはずですね、テーマさえあれば。

岡田　そうです、そうだと思う。その現象で何がおもしろいか、それをどういうスクリーニングをすれば見つかるか。今の大抵の実験は、スクリーニングはみんな二二℃の育成チェンバーの中でとか、ある一定の決まった環境の中でやっていますね。もっと別の環境の中でスクリーニングをするとか、そういうことは案外やっていないと思いますよ。

島本　そうね、ユニークな、昔、岡田さんがやったみたいに寒天を固めて斜めにしてみたいな、そういう原点に戻って、もうちょっとオリジナルなミュータントのスクリーニングはないのかとか。フェノタイプ（表現型）を見るための洗練された遺伝子的なツールも増えていますよね。そのような考えはもうちょっと増える気はしますね。

岡田　モデル系を用いた研究の危ないところは、逆説的だけれど、ある決まった手法というか、僕らが勝手に決めた環境条件、いわゆる実験室条件の中でしか見ていないので、その生き物が、シロイヌナズナもそうだと思うけれど、それがもっと違う、極限とは言わなくても、違う環境下ではこういう能力を実はもっている。それを僕らは知らないというか、気がついていない面がありますよね。それに気がつけば、その理由やメカニズムは何かというのでまた新しい局面や研究テーマが出てくると思います。今のところは、まだそこまで考えてやっている人は少ない。

石野　環境との相互作用というところは、本当にこれから大事になると思って。今言われたことが何となく、エピジェネティクスだと僕は思っています。いろいろな環境で発現する遺伝子が変わって、生物のもつプラスティスティ（可塑性）の中でやっている。違う条件下での生物の違う能力をみる仕事っておもしろいですよね。

岡田　そうだと思います。モデル系となると、いわゆるスタンダードな育て方が決まってくるわけですよ。そうすると、誰でもまず、その条件の培養育成部屋をつくるわけですが、そこで見ているのは結局同じものしか見ていない。昔からよくあるじゃないですか、実験で学生が間違えて変な条件にしたらおもしろいことが見つかったとか。そういうことに近いのかもしれない。生き物のもっている能力を調べるのが生物学でしょ。その能力に気がついてないというか、見ていないことが結構あるのではないかと思います。

石野　それはすばらしいメッセージです。皆さんがそういうところにチャレンジしてもらえれば、それはシロイヌナズナに限りませんよね。

分子生物学会の理事長として

石野　先生は、今、分子生物学会の理事長をされています。最後に、この学会は日本においてどういう学会だったのか、今後どのようにあり続けてほしいのか、先生の思いを聞かせていただきたいと思います。

岡田　きょう、改めて第一回から年会の要旨を引っ張り出して、みなさんと見ていましたが、この学会は、新たな分野のこういう問題に関しては、みんなで集まって議論をしないと成り立たないという、一致した意見が基になって完全に自発的にできた学会ですよね。その当時の非常にフレキシブルな考え方やディスカッションは分子生物学会の原点であるし、それがずっと続いたために会員が非常に多くなったのだと思います。ですから、今後も常にフレキシブルに動いていくということが必要だと思います。

学会も、ある程度たつと硬直化してきたり、組織化というか、ある種官僚化していく。そのようになってくると、学会としては魅力がなくなってしまう。何か新しいことを始めようというときに、ここにまず入って、そこで議論をすることが自分の新しい研究分野の問題の発見と解決につながっていくようでないと学会としての意味がないと思います。本当は、若い人たちがそれぞれ自分の研究分野をつくってほしいし、今の学会にもどこにもないものをつくってほしいわけですよ。その萌芽になるようなものは、ほかの人との議論も必要で、いろいろなトライアルも必要だし、批判も必要なので、そういった議論のできる場でないと学会の意味がないですよね。

石野　熱いディスカッションがあって初めてブレイクスルーが出てくる、そういう場であり続けていてほしいということですね。分子生物学会の原点は議論であり、それが一番の命だと思っている。

岡田　そうです、そうだと思います。

島本　新しい方法が出てくると新しい概念とかが生まれますよね。そういうことをいつも分子生物学会で、やってきたという感じはすごくしているのです。これからもどんどんどんやってほしいし、若い人にとって、そういう中で議論をして、どのように新しくサイエンスをつくっていくかが大事ですね。僕の感じは、個々の分野の人が固まり過ぎで、昔に比べると少し議論が減っているなという感じです。すると、どんどん内向きになってきて、改革というか、ブレイクスルーは多くならないかなという気がするのですけどね。分子生物学会には期待するところが大きいと思います。

石野　常に革新的な団体であってほしいということですね、新しいアイデアを試す。

岡田　保守的にならない。

石野　そうですね、現理事長からの大事なメッセージとしてしっかりと記録したいと思います。それでは、本日はどうもありがとうございました。

島本　貴重なお話を、いい機会でした。

岡田　はい、どうもありがとうございました。

参考文献

（1）Kiyotaka Okada, Yoshiro Shimura: 'Reversible root-tip rotation in *Arabidopsis thaliana* seedlings induced by obstacle-touching stimulus', *Science*, **250**, 274〜276 (1990).

(2) Kiyotaka Okada, Yoshiro Shimura: 'Aspects of recent developments in mutational studies of plant signaling pathways', *Cell*, **70**, 369〜372 (1992).

(3) Kiyotaka Okada, Yoshiro Shimura: 'Genetic analysis of signaling in flower development using *Arabidopsis*', *Plant Mol. Biol.*, **26**, 1357〜1377 (1994).

(4) Masako K.Komaki, Kiyotaka Okada, Eisho Nishino, Yoshiro Shimura: 'Isolation and characterization of novel mutants of *Arabidopsis thaliana* defective in flower development', *Development*, **104**, 195〜203 (1988).

13

田中啓二

聞き手　水島　昇
同席委員　入江賢児

田中啓二博士はこれまで一貫してタンパク質分解の研究に従事され、細胞内の主要な分解装置であるプロテアソームの発見に始まり、その機能と構造の解析において現在も世界の最先端を走っています。研究当初はほとんど誰も注目しなかったタンパク質分解の研究を、生化学、生理学、さらに病理学の重要な分野に発展させ、その功績によって内藤記念科学振興賞、上原賞、朝日賞、東レ科学技術賞、武田医学賞、日本学士院賞などの多くの賞を受賞されています。今回、その独創性高い研究にまつわるお話と、若い方へのメッセージをうかがいました。

田中啓二（たなか　けいじ）　医学博士（徳島大学、一九八〇年）

一九四九年四月一〇日　徳島県に生まれる
一九七二年　徳島大学医学部栄養学科　卒業
一九七六年　徳島大学酵素研究施設　助手
一九八一年　ハーバード大学医学部生理学部門
一九九五年　徳島大学酵素科学研究センター　助教授
一九九六年　東京都臨床医学総合研究所分子腫瘍学研究部門　部長
二〇〇二年　東京都医学研究機構東京都臨床医学総合研究所　副所長
二〇〇八年　同　所長代行・先端研究センター長
二〇一一年　東京都医学総合研究所　所長

日本分子生物学会：評議員（第14期）、理事（第15、17期）

水島　今、田中先生は世界のプロテアソーム研究のトップサイエンティストですが、まず小さいころどういう少年だったかというところからうかがいたいと思います。そもそも生物にご興味があったのか、あるいは小さいころ、他に熱中されていたことがあったのでしょうか。

田中　小さいころ、普通に遊ぶ平凡な子供でした。スポーツはやや苦手、碁将棋など室内ゲームが好きで、大勢で騒ぐのはあまり得意ではありませんでした。高校時代は、もっぱら詩歌とか小説とかを読むことに熱中、ジャーナリストなどに憧れていましたね。

水島　皆さんもよくご存じのとおり、田中先生は文章が非常に上手で語彙もものすごく多いですので、おそらくそういうことかなとちょっと予想はしていました。

田中　特に小説家の吉行淳之介とか、批評家の小林秀雄とかストーリー性よりも華麗な文章を書く作家に憧れていましたね。でもね、このような文章感覚は研究者になって、論文を書くとき、幸便になりました。そういう意味では、文学的なものに熱中したことは、悪い影響にはなっていないんじゃないかとは思っています。

水島　芸術とサイエンスのことはあとのほうでもうかがうことにして、そういうときに、研究者になろうという決断をされたことに、何かきっかけはあったのですか。

田中　正直に言うと、きっかけのようなものはないんです。だからね、このインタビューを受けることになって、「いや、派手なドラマのない僕でいいのかな」と思いました。遊びも含めていろいろな経験は人に負けないくらいあるんですが、「考えてみたら科学者としてはすごく平凡な人間だな」って思います。

タンパク質分解研究の開始

水島　先生はご出身もお生まれも、大学も徳島ですね。

田中　そうですね。現在、栄養学は生命科学にすごく接近してきていますけれど、当時、徳島大学医学部に栄養学科という新しい学科ができまして、あまり深く考えずに入学しました。また徳島大学の医学部には酵素研究施設というのがあり、本格的な酵素学・生化学に憧れて、大学院修士課程のときから市原 明先生（アミノ酸代謝研究の大家）の研究室に出入りさせていただき、そのまま博士課程に進みました。もちろん、研究にも熱中しましたが、旅行なども含めてよく飲みよく遊びました。今と違ってのんびりした自由な時代でした。

水島　タンパク質分解というと、当時はおそらくまったく脚光を浴びないような分野だったかと思います。それにもかかわらず市原先生の研究室を選ばれ、あるいはその後のゴールドバーグ（A. L. Goldberg）先生のところへ留学されたというのは、何かそういう方向性に惹かれたきっかけがあったのでしょうか。

田中　修士の学生だったとき、市原先生に「もうアミノ酸代謝ではこれからの生化学はやっていけないから、君はタンパク質代謝のほうに移ったほうがいいよ」というサジェスチョンを受けました。だから、博士課程に入っての研究テーマは、自分で決めることにしましたが、しばらくは暗中模索でした。ただ、彼は医学部出身だったせいもあるのですが、生化学だけでなく生理学も大事だということを強く言っておられました。その影響もあって、生理学に関連したタンパク質の分解、特にタンパク質の寿命の不均一性というのにすごく興味をもちました。だけど当時は、正にセントラルドグマ全盛の時代であり、世の中の趨勢はmRNAとかリボソームとかの研究が中心で、僕の周りの同時代の仲間・先輩たちは、タンパク質分解の研究にはあまり注目しなかった。だから、当時、高名な先生たちから「えー、要らないものを壊す仕組みに生物学の大義なんてある訳ないよね、君はそんなつまらんことをやっているの！」と言われた記憶があります。現在の認識とは、まったく逆でしたね。研究費が潤沢でなかった当時、タンパク質分解はあまりお金のかからない研究でもあったんですね。いろいろなタンパク質をいろいろなプロテアーゼで切らせてその分解パターンを電気泳動で調べるといった実験が主流でした。だけど、僕はそのような酵素学的なプロテアーゼ研究はあまりやりたくなかったので、もっと生理学に結びつくような新しいタンパク質分解の研究をやりたいという気持ちはありましたね。しかし、一方、生理的意義などまったく無頓着に未知の酵素を精製し、自分のみが手にした酵素に酔っていた一面もあったんです。酵素学というのは生化学の基本で、この時代に泥臭い酵素学研究に熱中したことが、後に大きな財産となりました。

水島　個別のタンパク質の分解というよりも、体全体に及ぼすようなタンパク質の研究に興味をもたれたということですか。

田中　まだこの当時は、自分が何をやろうというような確信があったわけではないのですが、バイオロジーに根差したタンパク質の動態解析をしようと漠然と思っていました。

水島　周りが合成の研究をされていたときに、一人分解の研究をやっていた。

田中　そうですね。分子生物学の台頭を背景とした新しい生命科学の息吹も、田舎者の僕にはまだ身近に感じられませんでした。まあ外の世界を知らず時代の動きに無頓着であったというのが、正直な感想であったかもしれませんね。でも結果的にそれが幸いしたかも……。

ハーバード大学へ留学――ゴールドバーグ研のスターに

水島　その後ですが、博士号をとられたあとにゴールドバーグ研究室に突如として移ることになられたのですが、どうしてゴールドバーグ研究室に行くことを決められたのですか?

田中　僕が助手になって独自の研究を開始したころ、ゴールドバーグさんと知り合う機会を得ました。ゴールドバーグさんは生理学の人で、古くからタンパク質代謝の研究をやっていました。彼は、大学院の学生の時代に、単独で「ネイチャー」なんかに論文を書いていて、三五歳ぐらいでハーバード大学医学校のプロフェッサーになった俊英でしたね。実は市原 明先生がロイシン代謝の研究を通じて彼と知り合いであったことから、徳島に招いたことがあったんです。そのときの講演から受けた印象は、アナウンサーがしゃべるような口調で「弁舌さわやか」これはすごい人だなと。後日、留学するチャンスが生まれたとき、ゴールドバーグさんの印象がすごく残っていたので強く希望しました。

もう一つの動機は、一九七七年のタンパク質の分解に代謝エネルギーがいるというPNAS（*Proc. Natl. Acad. Sci., U.S.A*）の論文に非常に感銘を受けたことです。熱力学の第一法則だと合成反応にはエネルギーが要るけれども、エントロピーの増大に連なる分解反応には不要であるという原則だったにもかかわらず、タンパク質の分解にエネルギーが要ることをインビトロ（網状赤血球の抽出液）で証明した論文でした。この発見は、網状赤血球はタンパク質分解活性が非常に高いということを推量した彼の卓見によるものでした。そのシステムがタンパク質分解の生理学に深く関係しているということを直感的に感じたものですから、留学するのならゴールドバーグさんのところに行きたいなと思いましたが、いろいろ手間取って、最終的に僕が米国ボストンの地に降り立ったのは、ちょうど三〇年前の一九八一年の春でした。

水島　そうこうしているうちに、別のところから大事件が起こってしまうということになるわけですね。

田中　そうですね。ゴールドバーグさんが論文を発表した翌年にイスラエルのハーシュコ（A. Hershko）さんとその弟子のチカノーバー（A. Ciechanover）さんらが、そのときはまだユビキチンと名前はついていませんでしたが、タンパク質分解におけるエネルギー依存性の機構は、APF1（ATP-dependent proteolysis factor 1、後にユビキチンと同一分子であることが判明）という熱安定性の小さな因子が関係しているというまったく新しい学説を発表しました。それは、壊されるタンパク質にAPF1／ユビキチンがエネルギー依存的にイソペプチド結合するというもので、オーバオールの反応としては確かにタンパク質分解ですが、実際の化学反応としては（イソ）ペプチド結合の形成であり、タンパク質合成と同じ反応形式ですので、ものの見事にエネルギー要求性の機構を説明できるということでした。これは非常に斬新な提案で、僕も驚きましたね。

僕が渡米する一九八一年春までに「ユビキチンシグナル仮説（二〇〇四年ノーベル化学賞）」の研究は大きく進展し、この仮説の提唱は世の中を騒然とさせましたが、他方、実はその時点でも世界のほとんどの研究者がこの新しい学説を胡散臭いものとして信用していなかったんですね。だから、ハーシュコさんとチカノーバーさんのグループ以外からはまったく論文が出ませんでした。チカノーバーさんは「ユビキチン説の提唱から最初の四、五年は本当に敵がいなくて幸いであった。あまりにもタンパク質分解の常識からかけ離れた提案であったので誰も信用していないから、みんな遠巻きに見ていただけだった」と繰返し言っています。

水島 先生としては、ユビキチンは発見されてしまったけれどもその分野の将来性に関してもっと希望をもっていたわけですね。

田中 僕は「このシステムは非常に優れており、大きな夢がある」と感動していましたが、同時に多くの謎に包まれているとも思っていました。しかし、ゴールドバーグさんが僕を受け入れてくれた理由はまったく逆で、実は彼自身は「ユビキチンは偽の仮説である」と思っていたようでした。その背景には、当時彼らは大腸菌からlonプロテアーゼ（ATPアーゼとセリンプロテアーゼを共有したATP依存性プロテアーゼ。当時のゴールドバーグ研の主力研究テーマ）を見い出しており、エネルギー要求性の分子機構がまったく異なっていたからでした。もう一つの具体的な理由は、ユビキチンがエネルギー依存的に基質へ共有結合するというユビキチン説の核心部分がゴールドバーグさんの研究室では再現性がとれていなかったからでした。僕が彼の研究室に加わったとき「ユビキチンシステムが間違っていることをあなたの得意な酵素学で証明してくれ」というのが最初に与えられた研究テーマでした。この提案には、ユビキチン説の素晴らしさに感銘していたので、正直驚きました。

だけど、結果的にそれは原著どおりにやると簡単に再現できる話でした。しばらくして見事なポリユビキチン（^{125}Iで標識）鎖のオートラジオグラフィーのフィルムをみせると、ゴールドバーグさんは「がっくり」と肩を落としていました。僕が初めて彼の研究室でユビキチン仮説の正しさを証明することになったのです……。理由は簡単でした。実はゴールドバーグさんが友人から貰って使っていたユビキチンはC末端のグリシン（ATP依存的な共有結合に必須な残基）が欠けていたんです。ハーシュコさんたちは、ユビキチンが熱安定であることを利用してユビキチンを精製するために熱処理をしていたのですが、この操作が共存するカルボキシルペプチダーゼを偶然に失活させていたのです。不作為の幸運でしたね。

水島　そうすると、ハーシュコさんたちの主張は証明できたにもかかわらず、まだATPに依存するステップがほかにあるだろうということを先生とゴールドバーグさんが考えられたのですか?

田中　うーん!　ゴールドバーグさんは、ユビキチン説を認めてもなお真核生物にATP依存性プロテアーゼが存在することを信じて疑っていませんでしたね。彼のユビキチン説に対する怨念が、「ユビキチンが結合できないようにリシン残基を修飾した基質や、ユビキチン化した基質の分解もやはりエネルギー依存性であるということを見い出し、エネルギー依存性の二段階説」を僕が見つけるヒントになったのです。この二段階説は、僕の留学後、比較的早い時期に見つけたんですけれども、ゴールドバーグさんは、その成果を論文としてすぐに発表しないと言いました。秘密裏にできるだけのことをやってしまおうと、ラボ内に箝口令を敷いたのでした。いずれにしてもこの発見が、その後現在に至るまでのゴールドバーグ研の方向性を新しくつくりました。彼の僕に対する評価もすごく高くなりました。ラボ内でスーパーサイエンティストの渾名までもらい、その結果、僕は楽しい留学時代を過ごすことができました。

水島　もう一つのATP依存的機構があるというのは、ある意味、思惑が当たったということになるわけですか。

田中　そうですね。エネルギー依存性タンパク質分解系をみつけながら、ユビキチン仮説の登場で、一敗地に貶められたゴールドバーグさんの執念と言えるかもしれませんね。この一件で「諦めない」という信条が科学において重要であることを、身をもって学びました。一方、当時プロテアーゼ研究の世界では、細胞質に大きな未知の酵素が存在するということが、あちこちで密かに囁かれていたのですが、当時、誰もその本態を突き止められなかったんですね。でも、僕はある「きっかけ」から、その酵素を簡単に精製できる方法を見つけました。

水島　ゴールドバーグ先生のところにいるときにですか?

田中　そうですね。何を見つけたかというと、非常に簡単なことでした。網状赤血球をつくるのは実際には大変な作業で、月曜日から金曜日まで毎日フェニルヒドラジンをウサギの腹腔内に打って溶血させるんです。翌週の月曜日になるとウサギの赤血球の七〇～八〇％ぐらいが網状赤血球になっている。分離精製した網状赤血球に還元剤を添加した蒸留水を加えて抽出物にすると、ATP依存性のタンパク質分解活性がボーンと出るんですよ。

でもこのシステムには大きな欠陥があり、その抽出液は一日するとATP依存性の分解活性が半分になり、二日目には四分の一になるんです。僕はグリセリンが不安定な酵素を安定化することを知っていましたので、調製した抽出液に二〇％のグリセリンを加えてみたら、ATP依存性活性は何カ月も安定なんですよ。実際、僕が行ったときにはゴールドバーグ研が使用している動物飼育室にはウサギが二〇〇羽か三〇〇羽いたんですが、それが一〇羽ぐらいに激減しました。そうするとテクニシャンや学生たちから「労力が省けた」とすごく喜ばれて、Keiji はすごい研究者だと評判はうなぎ登りに高まりました。

当時ゴールドバーグさんの研究室を去るときには、実験ノートを残してゆくというルールであり、彼は多くの人に「実験ノートはラボの財産だから必要だったらコピーをして持って帰れ」と言うのに、僕には「必要なところのコピーだけ置いていったらいい」と言ってくれた。僕は二〇冊ぐらい持って帰りました。これは、同時期に在籍していた友人のチン・ハ・チョン（現ソウル大学教授）の話ですと、破格の待遇だったんです。そして彼は「私はエネルギー依存性機構のバイオロジーをやるので、君は帰国したら酵素学的解析をやれ」と言ったのです。お互いにうまくテーマの切り分けができたのですが、後に彼はエネルギー要求性の酵素学、僕は遺伝学的な生理学に集中し、最初の約束は相互に反故ということになりました。それは、この研究領域がその後しばらくすると、爆発的に発展してもはや彼と僕の約束など意味をなさず、世界的な競合の時代に突入してしまったからです。しかし帰国後、僕は当初の約束通り酵素学的な構造研究へ没頭していきました。なんといっても、僕はある秘密（簡便な精製法）に気づいていましたので、自信がありました。それはグリセリンによるATP依存性活性の安定化について詳細に調べた結果、実はその実態がＡＴＰ非依存性活性の上昇にあり、グリセリンはある未知のプロテアーゼの活性化を抑制していることに気づきました。この発見は、帰国する数カ月前の凍てつくような極寒の深夜でしたが、これが大きな発見に連なるという確かな予感があり全身が燃えるような気分であったことを今でも鮮明に覚えています（このような経験は、これまでの人生において数度しかありませんでしたね）。

水島　その方法も箝口令になったんですか。

田中　いや、この酵素の精製法については、ゴールドバーグさんを除いてラボメンバーもほとんど知りませんでしたね。帰国後、このグリセリン効果を利用してネズミ肝臓から高分子量プロテアーゼを大量に精製し、本格的な酵素学的研究を開始しました。ゴールドバーグ研での僕が行ったプロテアーゼの研究として膨大なデータを残してきたのですが、結局、日の目を見ませんでした。エネルギー依存性の機構との関係が明確にならなかったので、ゴールドバーグさんはあまり関心を示さず、論文としてまとめることを諦めたようです。一寸悔しかったのですが、結果的に帰国後、（当初、高分子量多機能プロテアーゼ複合体と命名していた）その酵素の論文は、日本での研究として発表できたので、ある意味では僕にとっては、幸いでしたね。

帰国後の困難、そしてプロテアソームのデビューへ

田中　帰国後、ネズミ肝臓からその酵素を精製して電気泳動で分析すると二万か三万の間に一〇数個のバンドが検出できたので、驚きました。その結果を生化学会大会で発表したら、大御所の先生がすごく怒って「そのスライドは汚い。目的のプロテアーゼはそのうちの一つであって、あとは全部不純物だ」というふうに厳しく批判されました。しかし当時、複合体型のプロテアーゼという概念はなかったので、この批判はやむをえなかったと思いますよ。その酵素の物理学的性質について、阪大・蛋白質研究所の高木俊夫研究室で解析していたら、当時東大理学部にいた猪飼　篤さんが大きな分子だったら電子顕微鏡で見えるということで、結局、彼と共同で、

一九八六年に世界で初めてこのプロテアーゼを電子顕微鏡で撮りました。これが決定的になって、上記の批判を封じました。正に「百聞は一見にしかず」でしたね。

水島　20Ｓのプロテアソーム？

田中　そうです。今日でいう20Ｓプロテアソームです。プロテアソームという名称は、ゴールドバーグさんが中国での国際会議の帰路立ち寄って、成田空港近くの成田山新勝寺の境内茶店で、あれこれ議論した結果として名付けました（一九八八年発表）。僕は、この酵素が真核生物のＡＴＰ依存性プロテアーゼと信じていましたが、残念ながらその活性は試験管内でまったく検出できませんでした。このことは、多くの人たちが検証し、当時「プロテアソームはエネルギー依存的にユビキチン化タンパク質を分解する酵素ではない」ということになってしまって、深い失望感に苛まれました。でもどうしても諦めきれないので特異性の高い抗体を作製して免疫沈降実験を行いました。網状赤血球の抽出液から抗体でプロテアソームを除去すると、ＡＴＰ依存性のタンパク質分解活性は完全に消失しました。僕は自信をもって「プロテアソームがエネルギー依存性分解系に関与する酵素である」との論文を「ネイチャー」に投稿しましたが、結果は無惨でした。エディター曰く「貴君のプロテアソームは、非常に興味深い酵素だけれども、プロテアソームがＡＴＰ依存性の分解系に関係しないというのは世の中の常識であり、ネイチャーは誤りの論文を出版するつもりはない」と。このネイチャー誌の常識は数カ月後には非常識になるのですが……。忸怩たる思いがしましたが、僕には直感的に別のアイデアが浮かびました。網状赤血球抽出液のエネルギー依存性の活性は、グリセリンのみならずＡＴＰによっても強く安定化されることに気づいていたのです。それと一般にＡＴＰアーゼなどＡＴＰを利用する酵素は不安定ですが、基質であるＡＴＰで安定化されるということを、何かの本で読んだ記憶がありました。そこで細胞内とほぼ同じ濃度のＡＴＰ（五〜一〇ミリモル）をグリセリンと同時に抽出液に添加後、免疫沈降実験を行いました。僕の予想では二〜三万の20Ｓプロテアソームのバンドパターン以外に分子量一〇万程度のＡＴＰアーゼのバンドが一本検出されるはずでした。ところが四万～一〇万の位置に十数本のバンドが見えたんですね。これには正直驚きました。しかし確信を深めてATP存在化での酵素の精製に取組みました。そこで大量のATPが必要になったので、ATPを市販しているオリエンタル酵母工業に一キログラム注文したんですね。そうしたらすぐに販売元から電話が掛かってきて、「先生、一〇ミリグラムの間違いじゃないでしょうか」って（笑）。当時堀尾武一さんという阪大蛋白研出身の人がオリエンタル酵母工業の研究所長をしていて、「そんなおもしろいことがあるのなら……」と言って、最初の一キログラムを無償で提供してくれたんです。世の中、気骨のある人物はいるものですね。僕は彼とは直接面識がなかったのですが、彼が編集した「蛋白質・酵素の基礎実験法」は、非常に優れた本で、繰返し読み、多くを学びました。

水島　本当に一キロを使ったんですか。

田中　トータルで三～四キロぐらいは、使いましたね。ATP存在下で精製すると、20Sプロテアソームと多数の調節サブユニット群から構成されたいわゆる26Sプロテアソームが非常にきれいに精製できました。これが一九九〇年ごろですね。その電子顕微鏡写真も最初に猪飼さんに撮っていただきました。そうしたら、電子顕微鏡による分子解析に卓越した手腕をもったマックスプランク研究所（独）のバウマイスター（W. Baumeister）さんが、わざわざ徳島までやってきて共同研究を申込まれました。それ以来今日まで彼とは、親しい友人として共同研究を継続しています。そのころ、徳島大学工学部に在籍していた月原冨武さんとX線結晶技術による構造解析を開始し、一〇年余の歳月を要しましたが、二〇〇二年、最終的にウシ肝臓20Sプロテアソームの高次構造の解析に成功し、多くの情報を得ることができました。

予言的中――プロテアソームの生理的重要性

田中　約二〇年以上前になりますが、あるシンポジウムで同席したカルパインで有名な村地　孝先生から、後日手紙が届いたんです。「私はカルパインこそ最も重要なプロテアーゼと信じ、生涯をかけて研究してきた。だけど、あなたの話を聞いていると、あなたの酵素がもっと重要かもしれないと思うようになった……」と書いてあったんです。その手紙を残しておけばよかった。彼の弟子たちは、「あの村地先生がそんなことを言うはずがない」と言い張りますが、やっぱりそういうインプレッシブな感想を与えたんじゃないかという気がしますね。

水島 でも、一般には十分な反響は与えられなかったわけですか。

田中 結局、このような不思議な酵素の存在は、不審感というか疑惑の眼差しで見られていたのですね。その理由は、構造的な情報がまったくなかったからです。昔、タンパク質構造討論会というのがあって、現在の日本蛋白質科学会の前身ですが、そこでプロテアソームの話をすると、岩永貞昭先生が出席されておられて「田中さん、その酵素の構造を決めなければ駄目だよ。一次構造がわからなければ、プロテアーゼの本質なんか全然わからないじゃないか」と指摘されました。そこで、九大理学部に岩永先生を訪ね、分離精製したサブユニットの構造解析をお願いに行きました。たくさんのサブユニットのデータを見せると、「田中さん、これらの構造をエドマン分解で決めていたら一〇〇年以上かかるね」と言われ考え込まれました。そのころ、京大の中西重忠先生が遺伝子工学技術を導入して数多くのタンパク質の一次構造を破竹の勢いで迅速かつ正確無比に決定しておられました。岩永先生は「この複合体の構造解析は、遺伝子工学を使ってやらなければ絶対に不可能だから、中西先生を紹介しよう」と言って、そこで電話してくれたのですが、なかなか電話が終わらずに、教授室で一時間ほど待たされたのです。それで電話が終わったら「中西先生があなたの話を聞きたいと言っているから、帰ってすぐに訪ねなさい」と言われたので、僕は喜んで京大に行ったんです。そうしたら、中西先生から「君ね、僕はプロテアソームなんて知らない。僕のラボは全国から遺伝子クローニングを学びにきている人たちで満杯状態だから、あなたに割ける実験スペースなんてまったくない」と怒っておられて、「兎も角、君の話を聞くという返事をしないと岩永先生が電話を切ってくれないから、仕方なしによんだんだ」って(笑)。「これは拙い、協力して貰うことなどとてもできないのかな」と思いながら、中西研のラボセミナーで電子顕微鏡写真などの知見を交えプロテアソームについて必死に話しました。セミナーが終わった後、間髪を入れずに中西先生は、僕にこう言ってくれましたね。「田中君、セミナーの前に僕は何か君に言ったかもしれないけど全部忘れてくれ。生体内にこんなにも巨大で複雑な物質があるとは信じがたい。これは構造を決める必要がある。うちの全力をかけて応援する」と、セミナー前の雰囲気とは一変したご様子でした。それで「クローニングで一番優秀な垣塚（彰・現京大教授）をつける」というふうに決断してくれました。中西先生は自分の弟子でも何でもないのに、その後今日に至るまですごく応援してくれています。

水島　田中先生は遺伝学もすぐに取入れられていますよね。

田中　それも実は中西先生よる示唆でした。「構造を決めるのも大事だけれども、機能の解析をしなければいけない。プロテアソームは一〇年後には生理学的に重要なものが必ず出る」といわれ、当時、京大理学部におられた柳田充弘先生（第9章）を紹介していただいて話を伺いにゆきました。以来、柳田先生とは今日に至るまで親しくさせていただいています。そのとき、僕はすでに出芽酵母のプロテアソームの精製に成功していたので、柳田先生の分裂酵母のジェネティクス研究を諦め、出芽酵母で研究を開始し、一九九〇年、遺伝子破壊実験からプロテアソームが細胞増殖に必須であるということを発表しました。これが世界で最初のプロテアソームの生物機能に関する論文となりました。プロテアソーム研究に分子生物学を導入したのは、僕たちが世界初で、中西研で学んだcDNAクローニング技術を縦横無尽に駆使し、20Sから26Sプロテアソームへと次々にサブユニット構造を明らかにしていきました。その結果、触媒特性やATPアーゼの構造などが相次いで判明し、エネルギー依存性の機構が分子レベルで明らかになりました。世界から「プロテアソームの構造解析はKeijiのところに敵わない」といって共同研究を申込んでくるようになりました。中西先生の助力がなければ、僕のプロテアソーム研究は酵素学のレベルに止まっていたと思います。構造解析で世界から評価され、プロテアソームの遺伝子研究で第一人者の立場を不動にしたことは、その後の研究を考えると、本当に大きかったですね。実際、分子生物学という最先端技術を習得したことで、その後のマウスを用いた遺伝学的研究（当時、精神・神経センターにおられた鍋島陽一さんの助力を得ましたが）に何の抵抗もなく突き進んでいくことができました。

水島　まさに先生の一九七七年のATPの論文から一五年ぐらいの間に構造の全体像が完全にわかってきて、その後は生理学的研究を次から次へと発表されてきたということになるかと思います。ここの後半の生理学のところを振返っていかがでしょうか。

田中　でも、本当はね、プロテアソームが今日脚光を浴びているような多様な生理機能に結びつくとはまったく思っていなかったのです。というよりも当時は、分子構造を明らかにしたいという一心に集中していて、まだ生理学を本気で目指す余裕はなかったのかもしれませんでした。僕が一気に大型の競争的研究資金を取れるようになったのは、一九九四年の「免疫プロテアソーム（内在性抗原のプロセシング酵素）」の発見でしたね。それは、構造研究が生理機能研究に直結したという意味で、幸運でした。一九九〇年に入って間もなく、突然、欧米の免疫学者から十通近くのエアメールが届きました。みんな同じことが書いてあるんです。「貴君のやっているプロテアソームは免疫学にとって非常に重要な酵素だ。ところで抗体を分与して欲しい、cDNAをくれ！」という話ばかりでした。最初、まったく訳がわからなかったのですが、その後、細胞をγインターフェロンで処理すると、プロテアソームの三種の触媒サブユニットが入れ替わって機能変換型酵素に転換することを見つけ、一九九四年このサイトカイン誘導型酵素を「免疫プロテアソーム」と名付けました。免疫プロテアソームは、免疫の世界ではすごく受けましたね。当時まだプロテアソームの名称は市民権を得ておらず、この酵素はさまざまな名前でよばれていましたが、免疫学者たちがプロテアソームの用語を多用してくれたお陰で、一気に世界中に広まりました。そしてこの研究が最近の「胸腺プロテアソーム（T細胞のレパトア形成に関与する酵素）」の発見につながったことは、本当にラッキーでした。免疫および胸腺プロテアソームの発見で国内外の高名な免疫学者の先生方と懇意にしていただくようになり、交流の幅が一気に拡大、僕には大きな財産となりました。

大切なのは努力と運と共同研究者とプロテアソーム

水島　田中先生は本当にこの分野の超一流研究を継続されてきていますが、ずっとそういられるというところに秘密があればぜひ教えていただきたいのですが。

田中　やはり運というのが大きいような気がしますね。僕はあまり頭のいい人間じゃないんだけど、プロテアソームと心中する覚悟で、今日までぶれることなく一つの研究に邁進してきました。しかしプロテアソーム研究は一人の研究者でできる限界を遥かに超えており、これほど大きく発展した背景には、多くの優れた共同研究者たちの真摯な支援があったからと思っています。と同時にプロテアソームに魅せられた多くの仲間たちがいたことが進展の原動力になったのですね。研究には運と実力が大事といいますが同感です。ただ僕の場合、プロテアソームとの遭遇という幸運がすべてであったような気がしています。実際、今日の僕のプロテアソーム研究の成功は、僕の実力でなくこの酵素の実力ではないかと思っています。僕がこのインタビューを受けるのも、プロテアソームの魔力だと心底思っていますよ。それから僕の場合の実力は努力という言葉におきかえてもよいと思っています。努力という意味では人一倍やってきたということには、絶対的な自負があります。つまらない実力ですが、僕の場合「平凡な人間でも頑張ればそれ相応の業績をあげられる」という典型例で、このことが無名の若い人たちに勇気を与えることができれば望外の歓びですね。世の中には本当に頭のいい人はいっぱいいると思うけど、才能と科学的に大きな仕事をすることとは一寸違うような気がしています。それと、野心というのはあまりいい言葉じゃないかもしれないけれど、やっぱり新しく物語りをつくろうという欲望とか、世の中に認められることへの期待感というものも研究の原動力になる訳で、そういうものがまったくなく世の中を達観していても駄目だと思いますね。

水島　これまで一貫してプロテアソームの研究をされてきて、今残っているこれからの課題と先生がこれから一番力を注がれていくようなところは、どういうところでしょうか。

田中　プロテアソームについて言えば、僕らが現在知っていることよりもまだまだ知らないことが遥かに多いんじゃないかと思っています。そういう意味では、研究は無限に続くとは言わないけれども、やるべきことは山のようにあると思っています。個人的には、26Ｓプロテアソームの立体構造を知るとか、その破綻による疾病の発症機構を解明するとか、まだ残された課題は多いと思っています。しかし重箱の底を突くような小さなことにはあまりこだわっていけないとも思いますね。一時期はプロテアソームについて何でも知ろうという意思・気概も強くあったんですけど、研究が深化すればするほど未知が増えるといった案配で、僕の残りの研究人生を考えると、やれることはそんなに多くないと思っています。しかしこれからどれだけ生き続けられるかわかりませんが、研究の現場を離れてもこの世に息が続く限りプロテアソーム研究の発展を眺めていたいですね。このような心境になれるということは、科学者冥利に尽きると思っていますよ。

水島　研究室の内外で共同研究の方々とやっていくうえでの先生のポリシーやお考えみたいなものはありますか。

田中　一番重要なのは、相手を信用し相手から信用されることだと思いますね。信用がなければ、共同研究も成立しないと思いますよ。学術論文の作成も同じで、欧米の（競合している）研究者たちあるいは一流誌のエディターたちから「Keijiのところから出た仕事は間違いがない……」という信用を勝ち取るために僕は二〇年以上の年月を要しましたからね。そして僕は「酒好きの単純な酔っ払いじゃないか」と言われればそのとおりなんですが、宴会好きというのも重要なポイントかもしれませんね。呑み会は、誰もが自由闊達に話すことができる絶好の機会だと思いますよ。

メッセージ——独創性と一貫性

水島 すでに研究者になる方への大事なメッセージも伝えていただいたと思いますが、そのほかにこれからの若い方々に何かメッセージがありましたら。

田中 このインタビューでは、僕が経験してきた研究の逸話や多くの方々との出会いのエピソードをお話してきましたが、その折々に最善を尽くすことが非常に必要であると思いますね。研究者としては、自分の生涯のテーマをできるかぎり早く見つけることが大事ではないかと思います。自分を振返っての研究者人生を考えると、あちこち寄り道している時間はあまりないと思いますよ。何事も最初は模倣ですよね。何にも知らない人が、突如として新しい学説を唱えることなどはできないでしょう。しかし経験することによってどこかで模倣を独創性に変えなければいけないと思うんです。これは残念ながら誰も助けてくれない。模倣を独創性に変えるのには、学術的な知識の多寡は大きな要因ではなく、感性を磨き教養を身につけて、自ら高めることが大事だと思います。それが、時勢に流されずに本質に迫りうる研究力だと思いますね。自分の立ち位置を見据えることが肝要で、現代社会の情報量の豊饒さに惑わされてはいけないと思いますよ。小さなことでも自分しか知らない世界を見つけることは、研究者の密かな歓びだと思いますね。大きいか小さいかは別にして、それが科学の原点というものだと思いますよ。研究者にとって何よりも大切なことは、歴史に翻弄されるのではなく、歴史を創る側に立つことですね。他人が創った流行に便乗して大言壮語を吐き、一寸時間が過ぎると跡形もなく消滅してしまうといった研究者は、真の科学者でないと思いますね。

水島 田中先生、今日はすばらしいお話しをどうもありがとうございました。

14

長田重一

聞き手　三浦正幸

長田重一先生は、分子生物学が動物細胞の遺伝子解析に使われ始めた時期に、インターフェロンのクローニングに成功し大きな反響をよんだ。引き続き、G-CSFとその受容体のクローニングにも成功。その後Fas、FasLのクローニングからアポトーシス研究に入り、この分野を牽引している。大阪バイオサイエンス研究所部長、大阪大学教授をへて二〇〇七年より京都大学教授。ロベルト・コッホ賞、朝日賞、恩賜賞・学士院賞、文化功労者・顕彰など多数受賞している。

長田重一（ながた　しげかず）　理学博士（東京大学、一九七七年）

一九四九年七月一五日　金沢市に生まれる
一九七二年　東京大学理学部生物化学科　卒業
一九七七年　東京大学大学院理学系研究科博士課程　修了
一九七七年　東京大学医科学研究所　助手
一九七七年　チューリッヒ大学分子生物学研究所　研究員
一九八二年　東京大学医科学研究所　助手
一九八七年　大阪バイオサイエンス研究所分子生物学研究部　部長
一九九五年　大阪大学大学院医学系研究科　教授
二〇〇二年　大阪大学大学院生命機能研究科　教授
二〇〇七年　京都大学大学院医学研究科　教授

日本分子生物学会：理事長（第15期）、第31回年会長（二〇〇八年）、評議員（第10、11、13期）、理事（第15、16期）

なんでや、なんでや少年

三浦　お忙しいところ、今日はありがとうございます。先生の歩みが学生の参考になると思いますので、若いころからのことを順におうかがいしたいと思います。

長田　子供のころは機械をいじるのが好きでした。昔のラジオ三球スーパーを知りませんか？　真空管が三つ並んでいるやつ。ああいうものを作ってみたり、目覚まし時計を壊す。作るんじゃない。開けて分解すると元に戻らない。好奇心に富んでいるというか、要するに「なんでや、なんでや」というのをよく親に言うから、「うるさい」と言われる。

三浦　高校進学は？

長田　金沢大学附属高校。私は市立中学から入学したから授業が全然わからない。附属高校では大学の先生が教える。数学にしても大学のような講義をされて、さっぱり訳がわからない。附属の中学から来た連中はみんなついていくんだけど。最初は一五〇人のうちの一三〇何番ですからね。そうすると、必死になって勉強しなければいけないでしょう。あのとき一番勉強したんじゃないかな。訳のわからない授業をして、「ついてこられるならいいけど、そうじゃなかったら駄目。あとは勝手にやりな」という感じでしたが、そういう授業はおもしろかった。

一九六八年に東大入学、丸山工作先生の講義に感激

長田　大学は東大の理科二類に一九六八年入学です。一九六八年は東大紛争が始まった年です。「遺伝子の分子生物学」ってあるでしょう、ワトソンの。それを丸山工作先生が駒場で講義された。丸山先生の講義を聞いて、生物ってこんなにおもしろいんだということになったんです。ところが六月の終わりぐらいからストライキ。夏休みが早まった感じで田舎に帰りました。そして九月になって東京に帰ってきて授業がスタートするかと思った

らスタートしない。

三浦　大学には行かないいんですか。

長田　大学は封鎖されているから行かない。一人でアパートの部屋で「遺伝子の分子生物学」や小説を読んでいた。しかし、ちょうど二階に四人いるから麻雀の時間になる（笑）。だから、麻雀と本読みと、という感じで。そのときのことは無駄だとは思っていなくて、社会の勉強になった。

三浦　やっぱり丸山先生の講義がおもしろかったから生物化学科に決めたのですか。

長田　そうです。生物化学科では生物物理もおもしろいんじゃないかと思い、宮澤辰雄先生が本郷に来られたときで、宮澤先生のところで卒研を行った。宮澤先生の東大での初めての卒研生です。

上代研で生化学三昧

三浦　大学院では上代先生の所へ行きましたね。

長田　半年ちょっと赤外線を使ったペプチドの構造解析をやって、それはそれでおもしろかったんだけど、やっぱり何かもっと生物的なことをやりたいというので、酒井彦一先生に相談したら、「医科学研究所の上代淑人先生はどうですか」と言われた。電話して、「うえしろ先生に、お会いしたいんですけど」と言ったら「かじろと申します」と言われた（笑）。それでも先生のところに伺うと、「すでに一人採ることになっており、うちはいっぱいです」と言われた。ところが、助教授の岩崎健太郎先生が私の経歴が金沢大学附属高校だというのを見て、僕の同窓で後輩だからいいよ、と（笑）。上代研には医学部からだけでなく理学部や農学部、薬学部からも学生やスタッフが来ている。いろいろなところがミクスチュアになっていて、あの雰囲気はすばらしかった。

三浦　そこで生化学を始めた。

長田　上代先生のところではタンパク質合成をやっていました。メッセンジャーＲＮＡ（ｍＲＮＡ）、といってもポリUですが、にリボソームを結合させて、エロンゲーションファクター（EF-1）とフェニルアラニンtRNAを混ぜて、ペプチドが連結してポリフェニルアラニンになったら、それがTCA（トリクロロ酢酸）で溶けなくなるというアッセイ系をつくる。このアッセイ系でブタの肝臓からEF-1を精製しようとしました。

三浦　朝から晩まで精製ですか。

長田　朝から晩まで精製です。品川に屠殺場があるでしょう。朝の五時か六時に屠殺場に肝臓をもらいに行く。そして、まだ熱い二〜三キログラムの肝臓を目黒の医科研まで50ccバイクで運ぶ。

三浦　スーパーカブ？

長田　カブで。JBC（*J. Biol. Chem.*）の先行論文では、ウサギ網状赤血球から精製したEF-1は分子量一八万。三量体ということになっていた。大腸菌のエロンゲーションファクターEF-Tuは分子量四万三千の単量体なので、やっぱり大腸菌と哺乳類は違うという話になっていた。それで、ブタでEF-1の精製をやり出したけど全然うまくいかない。ブタの肝臓をすりつぶして、クルードなところでアッセイしたときに一〇〇活性があるとすると、それが精製の次のステップですべて失活。硫安でタンパク質を沈殿させ、次のステップのため透析すると活性が全部なくなってしまう。そこで、硫安漬けでゲル沪過をやろうということになった。三〇％の硫安漬けでバッファーをつくってG-200ゲル沪過カラムをすると、分子量一八万じゃなくて、五万ぐらいのところに強い活性が出てきた。とても驚きました。だけど硫安漬けだとイオン交換カラムが使えないから、硫安以外で何か安定化するものはないかと探し、グリセロール（グリセリン）が見つかった。それまでの人たちが使ったのは一〇％グリセロールだけど、一〇％じゃ全然駄目で二五％。そうすると、溶液がどろどろでほとんど動かなくなる。だけどそれからはすべての操作を二五％のグリセロール漬けで行った。

三浦　このころの経験なんですね。今の仕事を拝見していても、すごく条件をふって検討する。

長田　バッファーの粘度が高いから、CMセファデックスカラムクロマトを一回やるのに一週間かかる。しかし、タンパク質のピークと活性のピークがきれいに一致したものが出てきた。アッセイ系には^{14}CラベルされたフェニルアラニンtRNAを使っていた。精製した酵素を入れてあげるとフェニルアラニンが重合し、TCAで溶けなくなる。溶けなくなったものをフィルターに集め、それを液シン（液体シンチレーションカウンター）で測る。これまでは一〇〇とか二〇〇のカウントしか出てこなかった。そのとき、何万というカウントがあり、昔の液シンだからクルクルクルとすごい勢いで回り出した。あれは感激ですよ。誰もいない地下のRI室で一人で踊っていた。ブタのEF-1はSDS-PAGE（SDS-ポリアクリルアミドゲル電気泳動）で五万三千のバンド、ゲル沪過だって約五万。ウサギ網状赤血球からも同等の分子が精製できた。結局、これまでのJBCの論文が真っ赤な嘘。哺乳動物のEF-1は大腸菌よりちょっと大きいくらいで本質的に変わらなかった。

ワイスマン先生との出会い、インターフェロンのクローニング

三浦　留学のことをお聞かせください。

長田　上代先生とワイスマン（C. Weissmann）先生は、ニューヨーク大学のオチョア（S. Ochoa）研のポスドクが同期ですごくいい友人。上代先生に留学先では組換えをやりたいと相談したところ、「チューリッヒにワイスマンさんがいるから、行きますか?」ということになった。そこでインターフェロン（IFN）のクローニングが始まった。しかしわれわれは、IFNのアッセイ系も、IFNをつくる細胞ももっていない。ヘルシンキ赤十字のカンテル（K. Cantel）博士のところで、ヒトの白血球にセンダイウイルスを感染させ、その白血球を冷凍でチューリッヒへ送ってもらう。航空便で。その細胞からmRNAをとって、それをカエルの卵母細胞の中に注入する。次の日、その培養上清をヘルシンキへ送り、IFNの活性をカンテル博士に調べてもらう。そうすると一週間後ぐらいに検査結果が電話で知らされる。その結果、センダイウイルスで感染したヒト白血球には、12Sぐらいの大きさのIFN mRNAが存在することがわかった。そのmRNAを用いてcDNAをつくる。つい

で、cDNAを大腸菌に導入しようとするが、あのころは組換えに関してうるさく、P3の施設が必要だった。チューリッヒにP3のラボはないからミュンヘンのマックスプランク研究所に行った。そこでチューリッヒで作製したcDNAを大腸菌に組入れ、cDNAライブラリーを作製した。ベクターはpBR322。その *Pst* I のサイトにGCテイリング法を用いてcDNAを挿入し、ライブラリーをつくる。次に、スクーリング。コロニーをプールして、プールした大腸菌からのプラスミドDNAをニトロセルロースのフィルターに結合させ、そのフィルターをIFN mRNAを含む白血球からのメッセンジャーとハイブリダイズさせる。その後溶出して、溶出したものをカエルの卵母細胞にインジェクションする。次の日、その培養液を集めIFNの活性を測定してもらうためヘルシンキへ送る。一連のアッセイが一週間以上かかる。それを八カ月ぐらいやって何回かポジティブになるクローンがとれた。これは絶対に間違いないだろうと思って、cDNAを調べると三一〇ベースしか入っていない。IFNの分子量は一万ぐらいあるから、これは短かすぎる。そこで、コロニーハイブリダイゼーションにより、長いcDNAのクローンを探そうとした。ところが、コロニーハイブリダイゼーションすると、ポジティブがいっぱい。一〇〇個に一個ぐらいポジティブ。びっくりしたのですが、ワイスマンさんはかりかりと怒り出す。「おまえ、なんじゃこりゃ」って。

三浦　「みんなフォルスだ」と言うわけだ（笑）。

長田　そう。IFNは非常に量が少ないから、精製などで皆、苦労していた。数万個のクローンに一個が陽性クローンと思っていた。だから、「みんなフォルスだ」って。「だけど、そんな間違えるはずがない。何回もネガティブはネガティブだったし、このクローンは何度もポジティブだったんだから間違えるはずがない」「だけど、こんな馬鹿な話はない」って。だけど、彼はね、cDNAを挿入したpBR322の *Pst* I はアンピシリナーゼのプロモーターの下流、もしかしたら大腸菌がIFNをつくっているかもしれないと言いだした。しかし本人はそんなことうまくいくと思っていないから、そのままクリスマス休暇でダボスに行ってしまった。そのころまでに、チューリッヒでもIFNの活性を測定できるようになっていた。そこで大腸菌の抽出液を調べてみると、活性が出てきた。それがクリスマスイブです。一九七九年一二月二四日。ワイスマン先生はダボスから正午に電話を掛けてきた。「どうなっているか」と。そこで、"*E. coli* is making the Interferon." 答えると、"Fantastic!" と言って、その日のうちに、ダボスから研究室に戻って来た。今度は私がクリスマス休暇に行くことになっていた。七八年、七九年、二年間ほとんど休みをとっていなかったから、何カ月も前から予約して嫁さんとダボスに一週間スキーに行く予定になっていた。一二月三〇日にでかけた。ポスドクの間では「シゲは休暇を取るか、取らないか」という賭けがあったぐらいで、休暇に行ったというので驚いたらしい。だけど、行ってから二日目(一月一日)にワイスマン先生から電話が掛かってきた。"How is Davos ?" 快適だと答えたら、"Why don't you come back earlier?" (笑)。嫁さんによれば、僕は喜んで帰って行ったと言うんだけど、それで休暇は終わり。ワイスマン先生は一月三日にマイアミのウインターシンポジウムへ出かけ、その後、ボストンMITで臨時のセミナー。ワイスマン先生からチューリッヒに、「これからインターフェロンに関して発表するけど、悪いようにはならないようにするから」という電話があり、MITで一六日にセミナー、その後プレスコンファレンス。次の日のニューヨークタイムスの一面に発表された。

三浦　すごい。それから論文になるんですか。

長田　ワイスマン先生は一七日に帰って来られたのだけど、あのころはワープロがないからタイプライターを買って空港の待合室などで論文を書いて、「はい」と手渡された。いくらか修正の後、ワイスマン先生は論文を自分でロンドンのネイチャーオフィスに持っていった。「これをパブリッシュしろ」と言ったけど、「レフリーに回ります」と言われたそうです。レフリーに回ったけれどすごくいいコメントだった。

大阪バイオサイエンス研究所で独立、細胞死研究へ

三浦　一九八一年暮れに帰国されてＧ-ＣＳＦ（顆粒球コロニー刺激因子）の研究を始めました。
長田　そう。浅野茂隆先生と一緒にＧ-ＣＳＦのクローニングを始めたのが八二年。帰国して日本で分子生物をどうやっていいかわからないから、基礎生物学研究所の鈴木義昭先生や癌研の村松正實先生（第３章）、阪大の本庶 佑先生、京大の沼 正作先生、中西重忠先生のところに伺い、セミナーをしながら実験のやり方（オートクレーブの仕方、滅菌の仕方、RNase-free の試薬の調製法など）を教えてもらった。
三浦　Ｇ-ＣＳＦの論文を書いたら、早石先生が来られた。
長田　Ｇ-ＣＳＦの論文が出る前です。ある日、上代先生から「今、早石先生が来られているけど、君、ちょっと来るか」といって教授室によばれた。すると、早石先生が「大阪バイオサイエンス研究所（ＯＢＩ）をつくるけど、応募する気はあるかね」って。
三浦　早石先生が所長だということまでしか決まっていない時期ですね。
長田　そうです。早石先生は毎週一回ぐらいは東京に出張されている。それから一、二カ月たって、「今、東京プリンスにいるんだけど、来ない？」と電話がありました。それで「はい、わかりました」と言って行くんだけど、ジャンパー着てヘルメットかぶって50ｃｃのバイクに乗って東京プリンスに乗り付けました（笑）。それで、「長田先生、ＯＢＩに興味ありますか？」と聞かれるので、「立場は何ですか。研究員ですか、副部長ですか」とお聞きすると、「長田君、何言っているんだね。部長だよ、部長」「はあ、そうなんですか」。
三浦　初めてラボを持たれて、さて、どうやって研究を進めるか。
長田　最初はＧ-ＣＳＦのレセプターやＧ-ＣＳＦ遺伝子のプロモーターの解析を始めました。一方、米原 伸さんが抗Ｆａｓ抗体という細胞を殺す抗体をもっていて、おもしろそうだったんだけれど簡単には手を出せないでいた。ＯＢＩへ行ったら、ある程度お金はある。また、当時いろいろな製薬会社が組換えＤＮＡをやろうとして

おり、いくらか相談に乗っていた。彼らに誰か人を寄こしてくれませんかとお願いしたら、持田製薬の延原さんがわかったと言って、ＯＢＩに研究員を派遣してくれた。

三浦　実験ではなくマネジメントが中心になったのですか。

長田　いや、自分で仕事をしました。ＯＢＩというのは会議はほとんどない。月に一回だけ早石先生の都合に合わせて午後二時間か三時間ぐらいヘッドミーティングがあるだけです。あのころは早石先生を含めて部長五人が燃えていましたから、規則を決めてもこれは駄目だと思ったら、次の会で改正。朝令暮改もいいところ。あとは自分で仕事をしていた。だってまだ若い。三七、三八歳。

三浦　ポスドクと一緒にいつまで実験は続けましたか。

長田　私が一番実験をしたと言ったら怒られるけど。しかし、Ｆａｓ（アポトーシス誘導シグナルの受容体、細胞表面抗原）がとれ *lpr*（lymphoproliferation、リンパ節に腫脹を起こす遺伝子、Ｆａｓの変異遺伝子）マウスの話が出てきた。あれで講演だなんだかんだと電話がすごくかかってきた（図14・1）。実験をやめるきっかけは、まず培養していた細胞がコンタミしたこと。サザンブロットをしていて、次の日に積み上げてあった新聞紙をはずすと乾いたゲルが出てくるんだけどフィルターがない（笑）。決め手は、ある日、ＲＩ室で^{32}Pがコンタミした部長の名前のスリッパが見つかった。そんなこんなで。

三浦　独立して最初のメンバーってすごく大事でしょう。

長田　大事です。だからやっぱりある程度気心の知れた人が必要です。ヒトＦａｓがとれて、次にマウス、Ｆａｓをやり出し *lpr* にぶつかったんです。あれは喜びました。Ｆａｓ遺伝子は染色体19番、その近くに *lpr* があった。*lpr* は、われわれがＦａｓをマップする数カ月前に日本のグループがその近傍にマップをしていた。Ｆａｓと *lpr* は染色体上で一見、離れてはいるけど、何かあるねという感じでした。細胞を殺す分子に変異が起こったら細胞は増えてもいいんじゃないかという単純な発想だった。医科研の免疫研究部　片桐拓也さんが *lpr* マウスを研究

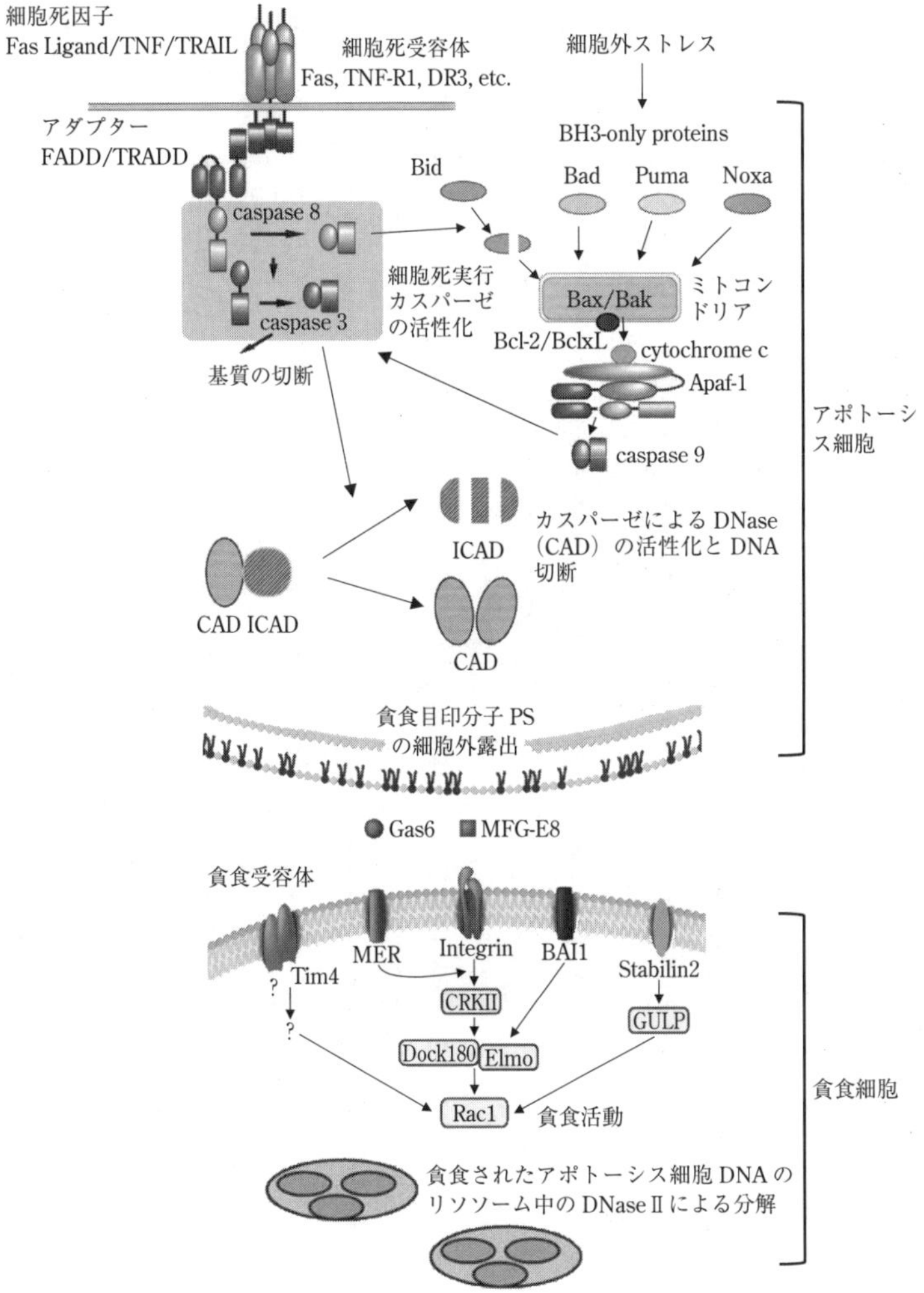

図 14・1　アポトーシスの誘導とアポトーシス細胞の貪食　長田先生の研究により細胞死因子による細胞死誘導機構，カスパーゼによるアポトーシス細胞に特有の DNA 切断機構，そして死細胞貪食とそこでの DNA 消化機構が明らかになった．S. Nagata: *Annu. Rev. Immunol.*, **23**, 853～875（2005）および S. Nagata, R. Hanayama, K. Kawane: *Cell*, **140**, 619～630（2010）より改変．

していたから、二匹か三匹かもらった。そしてノーザンやるとＦａｓ ｍＲＮＡのバンドがない。

三浦 ないというのもすごいですね。

長田 ない。「えーっ、あれ？」っていう感じ。そこで文献をさらに調べると*lpr*^{cg}という、違ったアリルを医科研 松沢昭雄さんが同定していた。そのマウスも、もらってきた。今度はメッセンジャーがある。だけど絶対に何かあるはずだと思ってシークエンスをする。そうするとポイントミューテーションが見つかった。「バンザイ」っていう感じで。

三浦 Ｆａｓリガンドはどのようにして同定されましたか。

長田 はじめはどの細胞がＦａｓリガンドをつくっているかもわからない。そんなときに、いきなりファクスが届いた。「細胞傷害性Ｔ細胞のハイブリドーマをつくっていたら、野生型の胸腺細胞は殺すけれども、*lpr*マウスからの胸腺細胞を殺さない細胞が樹立された。この細胞はＦａｓのリガンドを使って殺しているかもしれないと思うが、この細胞に興味があるか」と。

三浦 先生がコンタクトをしたわけではなくて？

長田 まったくない。ある日突然誰も見ず知らずの人からファックスが届いた。「ええ！ これは誰」という感じでした。だけど非常に興味があるから送ってほしい、とすぐ返事しました。そして細胞を得て、ビオチン化Ｆａｓ-Ｆｃ（Ｆａｓの細胞外領域とヒトＩｇＧのキメラ）でＦＡＣＳをするとＦａｓ-Ｆｃに結合する分子を発現している。そこで、Ｆａｓ-Ｆｃで強く光る、すなわち、リガンドを過剰に発現している分画を〇・一％ぐらい分画し、これを培養、それをまたＦａｓ-Ｆｃでソーティング。これを一〇回ぐらい繰返したら、もとの細胞より一〇〇倍リガンドを発現している細胞が樹立された。この細胞よりエクスプレッションクローニングによりＦａｓリガンドを同定した。同定にちょうど一年ぐらいかかったと思う。九三年末に、細胞死に関するコールドスプリングハーバープレミーティングがあった。その直前にＦａｓリガンドの論文を「セル」(*Cell*)に送った。ミーティングにはファックスをくれたゴルシュタイン（P. Golstein）博士が来ていて初めて会った。その会議中に、「セル」からのコメント（ファックス）が大阪を経てコールドスプリングハーバーに届いた。投稿して一週間程度でコメントが戻ってきたことになる。"This is an extremely important paper. ——At any rate, I recommend immediate and unmodified publication." あんなレフリーのコメントは初めてです。

研究の姿勢、生命科学の魅力

三浦　先生と話をしていると勢いがあってどんどん前向きに物事が進んでいく。

長田　私は根が楽天的ですよ。サイエンスをやっていて沈んでいたらやっていけない。

三浦　先生のとなりの席で学会に参加していると、先生が独りごとを言うんですよ。「なに、それ、次どうしたの?」ってぶつぶつ言っているんです。それで自分の進め方と違って、これは押さえなきゃいけないだろうというところになると「えっ、なんでやらないの?」って怒っているんです。だから研究室でも多分そうなのかなって。何かすごく周りがやる気になる。すごいなと思います。ところで今の日本のサイエンスはどう思われますか。

長田　日本はやっぱりある意味でヨーロッパタイプのじっくりと個性的な、独創的なことをやっていくべきだと思う。最近の政府のサポートが、「お金になるか」ということに重点されているのは残念に思います。オリジナルなもの、五年後、一〇年後に芽が出てくるようなものに対して、もっともっとサポートしていかないといけない。これまではやってきてくれたわけでしょう。それが今は逆になってきているのがすごく残念。

三浦　じっくり型というと、アイデアや地道な研究に時間をかける。

長田　そう。今は大学の定員が削減され、任期制が導入され、落ち着いて仕事をする時間がなくなってきている。サイエンスに仕事として魅力がなくなってしまっている。欧米に留学する学生が減少していると言われていますが、大学の定員が削減され、外国へ行くと帰ってこられないかもしれないとなったら、誰も出ていかないですよ。サイエンスはすごくおもしろい、魅力的です。でも、それだけじゃ人はついてこない。やっぱり職があるということにならないと。

三浦 人も研究も一〇〇%ということはありえないから、必ず三割、四割余裕を見たところでやっているとうまくいくんじゃないかな。

長田 そう、教育とか研究とかそんなものと思います。ある程度ばらまきで、その中からおもしろいものが出てきたらいいということですよ。

三浦 今日は時間を大幅に超過していろいろな話をうかがいましたが圧倒されてしまいました。何が一番感動した発見かなんて聞こうかと思ったけれど、感動の連続で。先生の話を聞いていると、学生は「ああそうか、もしかしたら自分にもできるかもしれない」と勘違いするかもしれない（笑）。やっぱり、野球をやりたい人にはイチローがいるように、科学の分野でもそういう目標が大事だと思う。

長田 そうだと思う。やっている本人が、しょうがなくやっているというような感じでは誰もついてこないと思うから、やっぱり楽しくてしょうがないという感じが出せるかどうかと思います。

三浦 先生は出しているというか、考えていなくても出ている。いや、考えていらっしゃるんだと思いますが、そこが魅力なんですよ。今日は本当にいい話をありがとうございました。

分子生物学に魅せられた人々

二〇一一年六月二日 第一刷 発行

編　集　特定非営利活動法人 日本分子生物学会

発行者　小 澤 美 奈 子

発行所　株式会社 東京化学同人
東京都文京区千石三－三六－七（〒一一二－〇〇一一）
電　話　〇三－三九四六－五三一一
ＦＡＸ　〇三－三九四六－五三一六

印刷・製本　株式会社シナノ

 Printed in Japan　ISBN978-4-8079-0746-5